高素质农民培育系列读物

设施蔬菜机械化生产技术手册

SHESHI SHUCAI JIXIEHUA SHENGCHAN JISHU SHOUCE

南京市农业装备推广中心组织编写

钱生越　鲁植雄　主编

中国农业出版社
北　京

内 容 提 要

　　本手册全面系统介绍了设施蔬菜的种子处理、育苗、耕整地、移栽、直播、田间管理、环境控制、收获等作业机械的类型、构造、使用、作业质量规范、技术参数等知识和技术。主要涉及种子处理、育苗、耕整地、移栽、田间管理、环境调控、收获等设施蔬菜生产各关键环节的机械化作业技术。

　　本手册既可作为新型职业农民的培训教材，也可供从事设施蔬菜机械的设计、研究、开发制造、试验和维修等工程技术人员使用和参考。

《设施蔬菜机械化生产技术手册》编委会

主编 钱生越　鲁植雄

参编 张文华　鲁　杨　张　俊

　　　　唐啸风　周一波　周　军

前　言

设施蔬菜是指在设施条件下栽培的蔬菜。设施蔬菜的栽培设施主要有大中棚、温室、植物工厂、小拱棚、地膜、温床、冷床等，能在局部范围改善或创造出适宜的气象环境因素，为蔬菜生长发育提供良好的环境条件而进行有效的生产。设施蔬菜的科技含量高，设施蔬菜发展的速度和水平，是农业现代化水平的重要标志之一。

设施蔬菜全程机械化是指设施蔬菜生产的产前（种子处理、育苗等）、产中（耕整地、移栽、直播、田间管理、环境控制、收获等）、产后（清洗、预冷、储藏等）各个环节的全过程机械化。在设施蔬菜全程机械化中，主要有八大作业机械化技术，即：种子处理机械化、育苗机械化、耕整地机械化、移栽机械化、直播机械化、田间管理机械化、环境调控机械化、收获作业机械化。

为了全面推进设施蔬菜生产全程机械化，普及先进适用的设施蔬菜全程机械化的技术和装备，南京市农业装备推广中心组织编写了《设施蔬菜机械化生产技术手册》，用以指导新型职业农民、农机手、农机推广人员正确开展设施蔬菜机械化生产活动，提高设施蔬菜机械化生产质量，全面提升农机技术科普水平。

本手册全面系统地介绍了设施蔬菜的种子处理、育苗、耕整地、移栽、直播、田间管理、环境控制、收获等作业机械的类型、构造、使用、作业质量规范、技术参数等知识和技术。既可作为新型职业农民的培训教材，又可供从事设施蔬菜机械的设计、研究、开发制造、试验和维修等技术人员参考。

本手册由南京市农业装备推广中心钱生越和南京农业大学鲁植雄主编，参加本手册编写的还有南京市农业装备推广中心张文华、张俊、唐啸风、周一波，南京农业大学鲁杨。

在本手册编写过程中，得到了许多设施蔬菜企业的大力支持和协助，并参阅了大量参考文献，在此表示诚挚的感谢。

编　者
2021 年 11 月

目　录

第四章　设施蔬菜耕整地机械化技术 ············· 77

第一章

设施蔬菜的生产设施与机械装备

第一节　蔬菜与设施蔬菜种类

一、蔬菜的种类

蔬菜是指供作人类佐餐的一类植物总称。蔬菜大部分属于草本植物，也包括一部分木本植物，还有一些食用菌和藻类植物；有一二年生植物，也有多年生植物。它们不论属哪种植物，都是产品柔嫩多汁，或有特殊风味，经烹饪或直接调制鲜品供佐餐的食品，主要有叶菜、果菜、根菜和香辛菜等。

蔬菜分类是根据蔬菜栽培、育种和利用等的需要，对种类繁多的蔬菜作物进行归类、排列的方法。常用的分类方法有植物学分类、农业生物学分类、生态学分类、食用器官分类等。按植物学分类，中国栽培的蔬菜有 35 科 180 多种；按农业生物学分类可分为白菜类、甘蓝类、根菜类、绿叶菜类、葱蒜类、茄果类、豆类、瓜类、薯芋类、水生蔬菜、多年生蔬菜、野生蔬菜和食用菌类 13 类；按食用器官则可分为根菜、叶菜、茎菜、花菜和果菜 5 类。生产中多按食用器官对蔬菜进行分类。

1. 根菜类

以肥大的根部为产品的蔬菜属于这一类。

（1）肉质根　以种子胚根生长肥大的主根为产品，如萝卜、胡萝卜、根用芥菜、芜菁甘蓝、芜菁、辣根、美洲防风等。

（2）块根类　以肥大的侧根或营养芽发生的根膨大为产品，如牛蒡、豆薯、甘薯、葛等。

1

2. 茎菜类

以肥大的茎部为产品的蔬菜。

（1）肉质茎类　以肥大的地上茎为产品，有莴笋、茭白、茎用芥菜、球茎甘蓝（茎蓝）等。

（2）嫩茎类　以萌发的嫩芽为产品，如石刁柏、竹笋、香椿等。

（3）块茎类　以肥大的块茎为产品，如马铃薯、菊芋、草石蚕、银条菜等。

（4）根茎类　以肥大的根茎为产品，如莲藕、姜、襄荷等。

（5）球茎类　以地下球茎为产品，如慈姑、芋、荸荠等。

（6）鳞茎类　由叶鞘基部膨大形成鳞茎，如洋葱、大蒜、胡葱、百合等。

3. 叶菜类

以鲜嫩叶片及叶柄为产品的蔬菜。

（1）普通叶菜类　小白菜、叶用芥菜、乌塌菜、薹菜、芥蓝、荠菜、菠菜、苋菜、番杏、叶用甜菜、莴苣、茼蒿、芹菜等。

（2）结球叶菜类　结球甘蓝、大白菜、结球莴苣、包心芥菜等。

（3）辛香叶菜类　大葱、韭菜、分葱、茴香、芫荽等。

4. 花菜类

以花器或肥嫩的花枝为产品的蔬菜，如金针菜、朝鲜蓟、花椰菜、紫菜薹、芥蓝等。

5. 果菜类

以果实及种子为产品的蔬菜。

（1）瓠果类　南瓜、黄瓜、冬瓜、丝瓜、苦瓜、蛇瓜、佛手瓜等。

（2）浆果类　番茄、辣椒、茄子。

（3）荚果类　菜豆、豇豆、刀豆、豌豆、蚕豆、毛豆等。

（4）杂果类　甜玉米、菱角、秋葵等。

二、设施蔬菜

设施蔬菜是指在设施条件下种植的蔬菜。

设施栽培需要有一定的设施，如大中棚、温室、小拱棚、地膜，能在局部范围改善或创造出适宜的气象环境因素，为蔬菜生长发育提供良好的环境条件而进行的有效生产。

由于蔬菜设施栽培的季节往往是露地生产难以达到的，通常又将其称为反季节栽培、保护地栽培等。采用设施栽培可以达到避免低温、高温、暴雨、强光照射等逆境对蔬菜生产的危害，已经被广泛应用于蔬菜育苗、春提前和秋延迟栽培。设施蔬菜属于高投入、高产出及资金、技术、劳动力密集型的产业。

设施蔬菜的科技含量高，设施蔬菜发展的速度和水平，是一个地方农业现代化水平的重要标志之一。

第二节　设施蔬菜的生产设施

一、生产设施类型

1. 按性能分

蔬菜生产设施可分为防寒保温设施、防暑降温设施、防虫设施等。

防寒保温设施主要有各种大小拱棚、温室、温床、冷床等；防暑降温设施如荫障、荫棚和遮阳覆盖设施等；防虫设施如棚架防虫网等。

2. 按用途分

蔬菜生产设施可分为生产用、试验用、展览用设施等。

3. 按建筑形式分

蔬菜生产设施可以分为单栋和连栋设施。单栋设施用于小规模生产和实验研究，包括单屋面温室、双屋面温室、塑料大小拱棚、各种简易覆盖设施等；连栋温室是将多个双屋面温室在屋檐处连接起来，去掉连接处的侧墙，加上檐沟而成。连栋温室土地利用率高，内部空间大，便于机械化作业和多层立体栽培，适合工厂化生产。

4. 按设施条件规模、结构的复杂程度和技术水平分

蔬菜生产设施可分为：简易园艺设施；塑料棚；温室；植物

工厂。

二、简易园艺设施

简易园艺设施主要包括风障畦、阳畦、温床、荫障、荫棚等简易设施。这些栽培设施结构简单，建造方便，造价低廉，多为临时性设施，主要用于蔬菜育苗和季节性生产。

1. 风障畦

风障畦是指在蔬菜田栽培畦与季候风方向垂直一侧设有防风屏障物的栽培畦。

防风屏障物由篱笆、披风、土背构成，用于阻挡季风，提高栽培畦的温度。

根据防风屏障物的设置不同，可分为小风障和大风障两种。小风障畦结构简单，在栽培畦北侧垂直竖立高1～2m的芦苇或玉米秸、高粱秸、细竹竿等，辅以稻草、麦秸等材料挡风。春季每排风障的防风有效范围约为2m。大风障畦又分为简易风障和完全风障两种。简易风障（或称迎风障）只设置一排篱笆，防风效果较差；完全风障是由篱笆、披风、土背三部分组成，春季防风的有效范围大约10m。风障方位应该与季风垂直，每5～7m设置一排，每排保护3～4个菜畦。风障畦增温原理见图1-1。

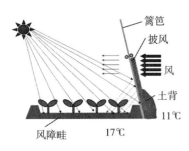

图1-1　风障畦增温原理

2. 阳畦

阳畦又叫冷床，是一种利用太阳光热保持畦内较高温度的简易保护地类型。阳畦由风障畦发展而来，将风障畦的畦埂加高、加厚，成为畦框，在畦框上覆盖塑料薄膜，并在薄膜上加盖不透明覆盖物即为阳畦。阳畦结构由风障、畦框、玻璃窗（薄膜）、覆盖物（蒲席、草席）组成。

　　阳畦的性能：除具有风障的效应外，白天大量吸收太阳光热，夜间减少辐射强度，保持畦内较高的畦温和土温。改良阳畦性能优于阳畦，但由于接受阳光热量不同，致使局部存在较大的温差，一般北框和中部的温度较高，南框和西部的温度较低。

　　阳畦的用途：早春蔬菜、花卉育苗；叶菜早熟栽培；果菜早熟栽培；秋季延后栽培及叶菜假植栽培。阳畦的性能与应用见图1-2和图1-3。

图1-2　阳畦性能示意图

图1-3　阳畦应用示意图

3. 温床

温床是在冷床的基础上增加了酿热加温或电热加温等加温设施，形成结构较为完善的温床。通常使用砖、土或木头等制成床框，用薄膜、玻璃、草帘等覆盖保温。

根据加温热能来源不同，温床可分酿热温床、电热温床、火热温床等，其中最常用的是酿热温床和电热温床。

（1）酿热温床　酿热温床是利用细菌、真菌、放线菌等好气性微生物的活动，分解酿热物释放出热能来提高温床的温度。

酿热温床主要由床框、床坑、透明覆盖物、保温覆盖物、酿热物等五部分组成。使用最多的是半地下式土框温床，见图 1-4。

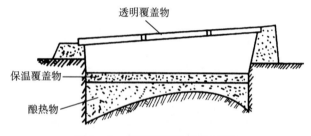

图 1-4　半地下酿热温床示意图

酿热温床主要用在早春果菜类蔬菜育苗，也可用于日光温室冬季育苗提高地温。

（2）电热温床　是在阳畦、小拱棚或大棚及温室中的栽培床上，做成育苗用的平畦，然后在育苗床底部铺隔热层，再铺设电热线。电热线埋入土层深度一般 10cm 左右为宜，如果用育苗钵或营养土块育苗，则以埋入土中 1～2cm 为宜。见图 1-5 和图 1-6。

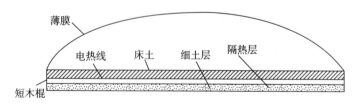

剖面图

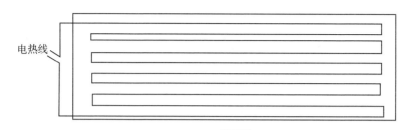

平面图

图1-5 电热温床结构图

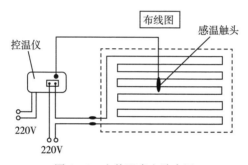

图1-6 电热温床电路布置

电热温床主要用于冬春园艺作物育苗。也可用于大棚黄瓜、番茄早熟生产。

4. 地膜覆盖

地膜覆盖是指用超薄塑料薄膜（0.008～0.024mm）贴盖于栽培畦的地表面，提高土温、保持土壤湿度、改善栽培环境、促进蔬菜生长、提高产量的一种简易覆盖栽培方式。不仅在蔬菜等园艺作物上，而且在粮、棉、油、烟、糖、麻、药材、茶、林、果等多种作物上应用，普遍增产20%～40%。

地膜覆盖主要包括平畦覆盖、高垄覆盖、高畦覆盖、支拱覆盖、沟畦覆盖等多种形式（图1-7）。

地膜覆盖具有增温、保墒、保水、改善土壤物理性状、提高光合效率等作用。

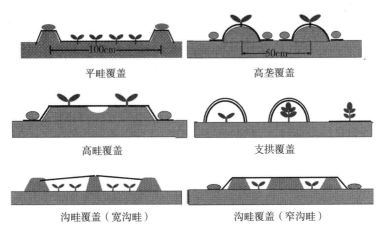

平畦覆盖　　　　　　　　　高垄覆盖

高畦覆盖　　　　　　　　　支拱覆盖

沟畦覆盖（宽沟畦）　　　　沟畦覆盖（窄沟畦）

图1-7　地膜覆盖主要形式

三、塑料棚

按棚的高矮，塑料棚一般分为塑料小棚、塑料中棚、塑料大棚等。

1. 塑料小棚

塑料小棚通常做成圆拱形，所以常称为塑料小拱棚。塑料小棚由细竹竿、竹片、钢筋或定型薄壁热镀锌钢管、碳素棍组成，其上覆盖薄膜，一般按80～100cm的间距插一拱架，棚高50～80cm，棚宽130cm左右，用竹竿纵向连接形成拱棚，在其上面覆盖塑料薄膜，做成圆拱形小棚。

小棚结构简单，取材方便，建造容易，但棚矮小，升温快，降温也快，棚内的温度、湿度不易调控，主要适用于春季育苗和瓜类、茄果类、豆类蔬菜及早春速生叶类蔬菜提早栽培。

塑料小棚的跨度1.2～2m，高1m左右，结构简单，取材方便，类型多种，其结构见图1-8。

2. 塑料中棚

塑料中棚是一种适用的简易保护栽培设施，主要用于蔬菜提早或延后栽培，亦可作蔬菜育苗分苗场地培育成苗。与小棚结构相

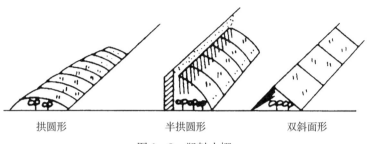

拱圆形   半拱圆形   双斜面形

图1-8 塑料小棚

似，人能在棚内操作，分圆拱形和半圆拱形棚。塑料中棚的优点是比塑料小棚便于棚内作业，其性能优于小棚，比塑料大棚建筑简易，栽培蔬菜具有增产增收的效果。中棚一般跨度3~6m。跨度为6m时，以高2~2.3m、肩高1.1~1.5m为宜；跨度为4.5m时，以高1.7~1.8m、肩高1m为宜。长度根据需要及地块长度确定。另外，根据中棚跨度的大小和拱架材料的强度来确定是否设立柱。用竹木或钢筋做棚架时，需设立柱，用钢管做棚架则不需设立柱。按材料的不同，棚架可分为竹木结构、钢架结构以及竹片与钢架混合结构。近年也有一些管架装配式塑料中棚等。其结构见图1-9。

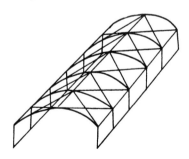

图1-9 塑料中棚

3. 塑料大棚

  塑料大棚是一种简易实用的保护地栽培设施，四周无保温墙体，长度随场地及使用面积而定，一般长60~100m，宽6~8m，棚架高 2.2～2.8m，拱间距 0.6～0.8m，拱肩高 1.4～1.7m（含插入土中 40cm）。塑料大棚棚体大，保温性能好，冬季可以在棚内增加保温或加温设施，人可在棚内较方便地操作，温度、湿度管理也比较方便。适用于蔬菜育苗、提早和延迟栽培。

按结构和建造材料不同，塑料大棚主要分简易竹木结构大棚、焊接钢结构大棚、镀锌钢管装配式大棚等。塑料大棚的外形及结构如图 1-10 所示。

图 1-10　塑料大棚的结构

四、温室

温室是以采光覆盖材料作为全部或部分围护结构材料，可在冬季或其他不适宜露地植物生长的季节供栽培植物的建筑。

温室，又称暖房，指有防寒、保温（加温）和透光等性能，供冬季培育喜温植物的房间。在不适宜植物生长的季节，能提供生长环境和增加产量，多用于低温季节喜温蔬菜、花卉、林木等植物栽培或育苗等。温室能控制或部分控制植物的生长环境。

1. 按温室的最终使用功能分

温室可分为生产性温室、试验（教育）性温室和允许公众进入的商业性温室。蔬菜栽培温室、花卉栽培温室、养殖温室等均属于生产性温室；人工气候室、温室实验室等属于试验（教育）性温室；各种观赏温室、零售温室、商品批发温室等则属于商业性温室。

2. 按主体结构建筑材料分

可分为竹木结构温室、镀锌薄壁钢架温室、水泥架柱温室、其他材料温室等。

3. 按透光覆盖材料分

可分为塑料温室、玻璃温室、薄膜温室等。

4. 按是否连跨分

可分为单栋温室、连栋温室。

（1）单栋温室　单栋温室长度不受限制，但跨度只能有一跨，故又称单跨温室，塑料大棚、日光温室都是单栋温室。其特点是单位设施面积的建设投资最低，但温室的加温和通风系统投资较高；单栋温室比连栋温室要占用更多的土地，因为每个温室间要留出空间；当遇到病害或者虫害时，单栋温室比较容易隔离。

（2）连栋温室　连栋温室是将多个双屋面的温室在屋檐处连接起来，去掉连接处的侧墙，加上檐沟构成。连栋温室土地利用率高，内部空间大，便于机械作业和多层立体栽培，适合工厂化生产。每一个温室单元称为一"跨"。连栋温室有多种类型，包括"人"字形等坡屋面温室、拱形-哥特式温室、锯齿形温室、文洛式温室和开敞屋面温室等。

5. 按屋面采光面分

可分为单屋面温室、双屋面温室。

（1）单屋面温室　屋面以屋脊为分界线，一侧为采光面，另一侧为保温屋面，并具有保温墙体的温室。单屋面温室一般为单跨，东西走向，坐北朝南。由于单屋面日光温室方位多为坐北朝南东西延长，再加上后部有后墙和保温好的后屋面，两侧有山墙，前屋面在夜间外加草苫、保温被等防寒覆盖物保温，其采光和保温性能均较好，是我国温室的主要类型。

温室屋面的角度是决定光量进入温室多少的关键，植物得到充足的光和热是获得丰产的根本。一般高纬度地区温室屋面角度都较大，低纬度地区较小，如北京单屋面一面坡式为 $22°\sim25°$，济南 $20°$ 左右。

（2）双屋面温室　屋脊两侧均为采光面的温室，又称全光温室。连栋温室基本为双屋面温室。

6. 按加温方式分

可分为连续加温温室、不加温温室、临时加温温室等。典型温室如图 1 - 11 所示。

图 1 - 11 典型的温室

五、植物工厂

1. 植物工厂的定义

植物工厂是通过设施内高精度环境控制实现农作物周年连续生产的一种高效农业系统；是利用计算机、电子传感系统、农业设施对植物生育的温度、湿度、光照、CO_2 浓度以及营养液等环境条件进行自动控制，使设施内植物生育不受或很少受自然条件制约的省力型生产。

植物工厂是现代农业的重要组成部分，是科学技术发展到一定阶段的必然产物，是现代生物、建筑工程、环境控制、机械传动、材料科学、设施园艺和计算机科学等多学科集成创新、知识与技术高度密集的农业生产方式。

2. 植物工厂与设施栽培的比较

露地栽培、设施栽培、植物工厂三种蔬菜生产方式的性能比较，见表 1 - 1。

表 1 - 1　露地栽培、设施栽培、植物工厂三种蔬菜生产方式的性能比较

作物的生产性	露地栽培	设施栽培	植物工厂
单位面积产量	低	较高，为露地栽培的 1～2倍或更高	高，为露地栽培的 10～20 倍

（续）

作物的生产性	露地栽培	设施栽培	植物工厂
单位产品价格	低	较高，品质较露地种植的为好	高，品质比设施栽培的更好
单位面积产值	低	较高，为露地种植的3～10倍	高，为露地种植的30～60倍
周年均衡生产情况	难以做到，受自然环境的影响严重	可以做到，但有一定难度	可以做到
种植作物种类	受季节影响较大	受季节影响，但在一定程度上可以克服	不受季节影响，任何时候可种植任何作物
农药施用情况	绝对必要	需要，但施用量较少	不需要，但消毒时仍需要少量药剂
劳动强度	大	稍轻	小
机械化作业程度	少数作业过程可实现机械化	许多作业过程可实现机械化	多数作业过程实现机械化
自动化程度	低	部分环境因素的调节可自动化	多数环境因素的调控已实现自动化

植物工厂的框架如图 1-12 所示。植物工厂主要由育苗工厂、

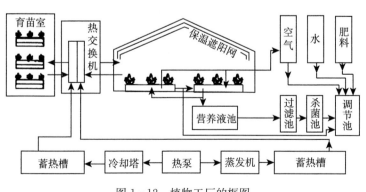

图 1-12　植物工厂的框图

栽培车间、追肥装置、保冷库、通风系统、红外线移动装置、控制计算机等组成，如图 1-13 所示。

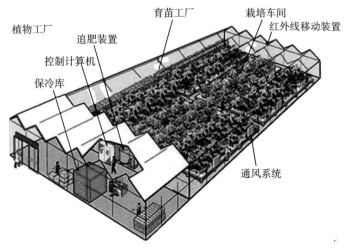

图 1-13 植物工厂示意图

第三节 设施蔬菜的生产环节与机械装备

一、设施蔬菜的生产环节

设施蔬菜生产的主要环节有：种子处理、育苗、耕整地、移栽、直播、田间管理、环境调控、收获、后处理等。

1. 种子处理

在蔬菜生产过程中，为了确保出苗快而整齐，幼苗健壮无病虫害，须在播前进行种子处理。种子处理包括精选、消毒、包衣、丸粒化、浸种、催芽等环节。

2. 育苗

就是用苗床培育蔬菜幼苗的技术。设施蔬菜育苗指的是在温室或大棚里用容器培育蔬菜幼苗的技术。蔬菜育苗的优点是幼苗期方便管理，能育成壮苗，节约用种，争取农时，提高土地利用率。定

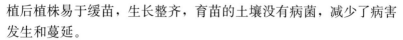

植后植株易于缓苗，生长整齐，育苗的土壤没有病菌，减少了病害发生和蔓延。

蔬菜育苗主要包括基质处理、基质成型、穴盘播种、催芽育苗、嫁接育苗、成苗转运等环节。

3. 耕整地

是指于蔬菜直播或移栽前进行的一系列土壤耕作措施。主要包括平地、撒基肥、灭茬、犁耕、旋耕、耙地、起垄、作畦、铺膜等作业环节。

4. 移栽

是指将蔬菜幼苗移栽到温室或大田的作业。主要包括：起苗、运输、上苗、定植、覆土、压实等作业环节。

5. 直播

将蔬菜种子直接播种在温室或大田的苗床上。主要包括：起垄作畦、播种、覆土、压实等作业环节。

6. 田间管理

是指在蔬菜生长过程中，供应蔬菜需要的水分、养分、肥料，清除地表杂草，消灭病虫害，以保证蔬菜生长的一系列措施。主要包括：水肥管理、中耕除草、植保施药等作业环节。

7. 环境调控

是指从温度、光照、湿度、土壤等方面对设施蔬菜环境条件进行综合调节及控制的措施。主要包括：光照环境调节、温度环境调节、湿度环境调节、气体环境调节、水肥营养环境调节等作业环节。

8. 收获

是指对供食用的蔬菜产品器官进行收获所采取的一系列措施。主要包括：收割、采摘、装运、清理等作业环节。

9. 收获后处理

是指蔬菜收获后进入流通前进行的一系列处理措施。主要包括：整理（清理残叶、切根、捆扎等）、清洗、分级、预冷、包装等加工处理环节。

二、设施蔬菜的主要机械装备

1. 设施蔬菜的机械化率

我国设施蔬菜的机械化水平正在步步提高，在种子处理、育苗、耕整地、移栽、直播、田间管理、环境调控、收获、后处理等环节机械装备不断涌现，降低了劳动强度，提高了作业效率和作业质量。设施蔬菜几个主要作业环节的机械化率见图1-14所示。

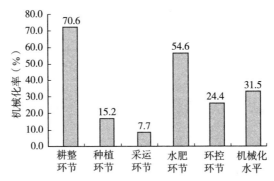

图1-14　设施蔬菜几个主要作业环节的机械化率

从图1-14可以看出，耕整地机械化率超过70%，水肥环节超过50%，但是种植环节只有15%，采收环节只有7.7%。我国设施蔬菜机械化率整体水平比较低，仅为30%左右。同时还存在着地域之间、品种之间、作业环节之间很不均衡的问题，且机械化的作业质量与设施蔬菜生产的农艺要求还有一定的差距。

目前，我国小麦、水稻、玉米的综合机械化水平分别为93%、73%、78%。因此，相比来看，我国蔬菜生产机械化水平还是很低的，处于起步阶段。

2. 设施蔬菜的生产体系

设施蔬菜生产是一个半封闭式的生态系统，如图1-15所示。蔬菜是这个系统的核心，必须紧紧围绕蔬菜生长发育的需求这个核心进行研究。相对于露地蔬菜，设施蔬菜是通过栽培模式、围护结构、环境调控等工程措施和手段来满足蔬菜生长发育需求的，这三个要素就构成了生态系统的内层。

图 1-15 设施蔬菜生产体系

"栽培模式、围护结构、环境调控"三者之间以及它们与蔬菜之间，存在着密切的相互作用关系。一直以来，栽培模式和蔬菜生长发育之间、围护结构和环境调控之间、设施环境和蔬菜生长发育之间的关系是重点关注和研究的内容。

而内层高效、精准目标的实现，还必须依靠"机械化、自动化、智能化"的装备和技术，这三者就构成了生态系统的外层。外层的三个要素之间以及它们与系统的内层之间，同样存在着密切的相互作用关系。

在这个半封闭式的设施蔬菜生态系统中，目前最迫切需要解决的是"蔬菜、围护结构、栽培模式和机械化技术"这四者之间的相互作用、相互影响的关系。

3. 设施蔬菜的主要作业装备

（1）种子处理的作业装备 在设施蔬菜种子处理环节，主要作业装备有：种子清选机、种子包衣机、种子丸粒化机等，如图 1-16 所示。

（2）育苗的作业装备 在设施蔬菜育苗环节，主要作业装备有：基质搅拌机、土壤消毒机、穴盘育苗播种机、穴盘育苗生产

种子清洗机   种子包衣机   种子丸粒化机

图 1-16   设施蔬菜种子处理的主要作业装备

线、蔬菜育苗嫁接机等，如图 1-17 所示。

基质搅拌机   土壤消毒机

穴盘育苗播种机   穴盘育苗生产线

蔬菜育苗嫁接机

图 1-17 设施蔬菜育苗的主要作业装备

（3）耕整地的作业装备 在设施蔬菜耕整地环节，主要作业装备有：激光平地机、基质撒肥机、微型耕整机、旋耕机、起垄机、复合耕整作业机等，如图 1-18 所示。

激光平地机

基质撒肥机

微型耕整机

旋耕机

起垄机

复合耕整作业机

图 1-18 设施蔬菜耕整地的主要作业装备

（4）移栽的作业装备 在设施蔬菜移栽环节，主要作业装备有：手动移栽器、半自动移栽机、全自动移栽机等，如图 1-19 所示。

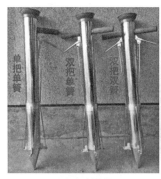

手动移栽器

半自动移栽机

全自动移栽机

图 1-19 设施蔬菜移栽的主要作业装备

（5）直播的作业装备 在设施蔬菜直播环节，主要作业装备有：机械式蔬菜直播机、气力式直播机等，如图 1-20 所示。

机械式蔬菜直播机

气力式直播机

图 1-20 设施蔬菜直播的主要作业装备

（6）田间管理的作业装备 在设施蔬菜田间管理环节，主要作业装备有：中耕除草机、喷灌装备、水肥一体机、喷灌车、喷雾机、喷雾喷粉机、杀虫灯等，如图 1-21 所示。

（7）环境调控的作业装备 在设施蔬菜环境调控环节，主要作业装备有：热风炉、热泵、卷帘机、卷膜机、湿帘、喷雾加湿器、钠灯、LED 灯、CO_2 增施机、空气臭氧消毒机等，如图 1-22 所示。

中耕除草机

喷灌装备

水肥一体机

喷灌车

喷雾机

喷雾喷粉机

杀虫灯

图 1-21 设施蔬菜田间管理的主要作业装备

热风炉

热泵

卷帘机

卷膜机

湿帘

喷雾加湿器

钠灯

LED灯

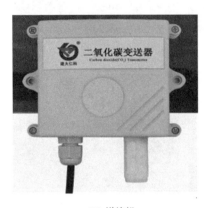

CO_2增施机

空气臭氧消毒机

图1-22 设施蔬菜环境调控的主要作业装备

（8）收获的作业装备　在设施蔬菜收获环节，主要作业装备有：胡萝卜收获机、大葱收获机、洋葱收获机、大蒜收获机、生姜收获机、山药收获机、甘蓝收获机、生菜收获机、小白菜收获机、菠菜收获机、韭菜收获机、番茄收获机、青毛豆收获机、移动作业平台等，如图 1－23 所示。

胡萝卜收获机

大葱收获机

洋葱收获机

大蒜收获机

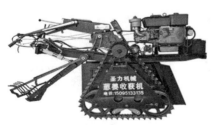
生姜收获机

山药收获机

甘蓝收获机

生菜收获机

小白菜收获机

菠菜收获机

韭菜收获机

番茄收获机

青毛豆收获机

移动作业平台

图 1-23　设施蔬菜收获的主要作业装备

（9）收获后处理的作业装备　在设施蔬菜收获后处理环节，主要作业装备有：切根机、去皮机、去壳机、清洗机、分级机、冷藏保鲜库、包装机等，如图 1-24 所示。

切根机

去皮机

去壳机

清洗机

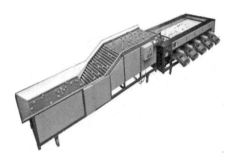

分级机

冷藏保鲜库

包装机

图 1-24　设施蔬菜收获后处理的主要作业装备

4. 设施蔬菜已实现机械化作业的环节

几种主要设施蔬菜已实现机械化作业的环节见表 1-2。

表 1-2　几种设施蔬菜已实现机械化作业的环节

蔬菜品种	已实现机械作业的环节
茄果类 （茄子、番茄、辣椒）	大棚深松、土壤消毒、有机肥撒施、碎土起垄、移栽、植保、转运、分选等
叶菜	有机肥撒施、碎土起垄、直播（移栽）、植保、收获等
菜心、鸡毛菜、芥蓝等	开田边排水沟、碎土起垄、直播（移栽）、植保、收获、田间转运等

（续）

蔬菜品种	已实现机械作业的环节
菠菜、上海青、小青菜等	开田边排水沟、碎土起垄、直播（移栽）、植保、叶菜带根收获、田间转运等
甘蓝、大白菜、莴笋、芥菜	激光平地、开沟、碎土起垄、移栽、植保、收获、田间转运等
胡萝卜、长白萝卜	激光平地、开沟、碎土起垄、直播、中耕除草、植保、收获、田间转运等
青花菜、花椰菜	激光平地、开沟、碎土起垄、移栽、植保、分选收获辅助平台、田间转运等
洋葱	育苗播种、碎土起垄、铺膜移栽、收获晾晒、捡拾装箱、分选等
其他品类	鲜食玉米、茎用芥菜（大头菜）、大白菜、西瓜、甜瓜、青毛豆全程机械化等

5. 设施农业机械化水平的计算方法

《农业机械化水平评价 第6部分：设施农业》（NY/T 1408.6—2016）对设施农业机械化水平进行了规范，将设施农业机械化水平设有7个二级指标，并加权计算。设施农业机械化水平的7个二级指标及权重参数见表1-3。

表1-3 设施农业机械化水平的二级指标及权重参数

单位:%

一级指标		二级指标		
指标名称	代码	指标名称	代码	权重系数
设施农业机械化水平	A	耕整地机械化水平	A_1	0.20
		种植机械化水平	A_2	0.20
		植株调整与采收机械化水平	A_3	0.10
		施药机械化水平	A_4	0.10
		运输机械化水平	A_5	0.10
		灌溉追肥机械化水平	A_6	0.10
		环境调控机械化水平	A_7	0.20

第二章
设施蔬菜种子处理机械化技术

第一节 概　　述

一、蔬菜种子处理的目的

设施蔬菜种子处理是指对蔬菜种子从收获到播种前采取的各种处理措施，以改变种子物理特征、改善种子品质的过程。

处理的目的主要是使种子发芽迅速、整齐，提高发芽出苗率，为后续机械播种提高质量和机械化水平。

二、蔬菜种子处理的主要方法

蔬菜种子处理的主要方法有：种子清选、种子包衣、种子丸粒化等。

1. 种子清选

蔬菜种子清选是指通过机械操作过程（如运转、振动、鼓风等）将饱满、完整的种子从夹杂物中精选出来。

2. 种子包衣

蔬菜种子包衣是利用黏着剂或成膜剂，将杀菌剂、杀虫剂、微肥、植物生长调节剂、着色剂或填充剂等成分包裹在种子外面，以便于精密播种，对种子防病、防虫有明显的效果，节省良种，促进成苗。

3. 种子丸粒化

蔬菜种子丸粒化是指通过丸粒化机和包衣技术，将小粒蔬菜种子或表面不规则（如呈扁形、有芒、带刺等）的蔬菜种子包被一层较厚的包衣填充材料（包括化肥、农药、植物促生长因子等），在不改变原种子生物学特性的基础上形成一定大小和强度的种子颗粒，以增加种子质量和体积，便于机械播种。丸粒化包衣填充材料一般为种子质量的一到数倍。蔬菜种子（如甘蓝、油菜、小白菜等粒径较小的种子，辣椒、茄子等外形扁平的种子）经丸粒化包衣以后，都能被加工成粒径 3～4mm 的椭球体，为种子精量播种降低难度，创造条件，从而达到大量节约用种的目的；同时种子能在发芽和幼苗期获得生长需要的充足养分，种子附着的病菌也可以被杀死，有效防范病虫害侵袭，从而实现播前植保、带肥下田，达到保苗、壮苗、增产、增收的目的。种子丸粒化包衣是实现蔬菜种子精量播种的必要条件。据统计，蔬菜种子经丸粒化包衣加工处理后可节约用种 30%以上，可增产 8%～20%。

丸粒化种子剖面分为"一心五层"，如图 2-1 所示。

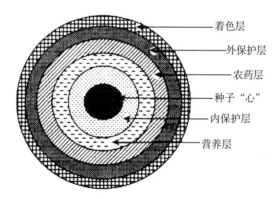

着色层

外保护层

农药层

种子"心"

内保护层

营养层

图 2-1　丸粒化种子剖面图

以种子为核心，在丸粒化过程中，根据种子的萌发特性和发芽条件，内保护层以特殊填充物为主，使种子萌发时不伤害胚根和胚芽；营养层以营养性填料为主，供给种子和幼苗所需养分；农药层根据作物病虫害发生种类而确定农药类型、剂型以及农药的使用浓度；外保护层以不同于内保护层的填料为主，防止播种时农药对人体的危害及对环境的污染，该层与丸粒化种子的抗压强度和裂解度有关；最外层为警戒着色层，因品种不同设置不同的颜色，防止品种混杂以便管理。

番茄种子丸粒化前、后的样品如图2-2所示。

丸粒化前 丸粒化后

图2-2 丸粒化前、后的番茄种子

三、蔬菜种子处理的主要机械

蔬菜种子处理的机械主要有种子清选机、种子包衣机、种子丸粒化机等。

蔬菜种子清选机是利用不同籽粒和夹杂物在形状、尺寸、比重、表面特征、空气动力学特性等方面的差异,分选出符合要求的优良种子的机器,通常有风筛式清选机、比重式清选机、窝眼筒式清选机、色选机等。

种子包衣机按照物料输送方式划分,有批次式和连续式两种;按照药液供给方式划分,有雾化和非雾化两种,前者可分为甩盘雾化式和喷雾雾化式,后者可分为泵液式(即连续式)和翻斗式(即间歇式);按照料液混配方式划分,有旋转式、搅龙式、螺旋推送式和回转釜式4种。种子包衣机一般由种子供给装置、种衣剂供给装置、种衣剂雾化装置等组成,主要机型包括滚筒喷雾式、甩盘雾化式、旋转式。

种子丸粒化机主要有旋转式丸粒化机和漂浮式丸粒化机。旋转式丸粒化机是采用滚动造粒技术,漂浮式丸粒化机是采用流动造粒技术。

第二节 蔬菜种子清选机械化技术

蔬菜种子清选是蔬菜种子加工产业链中的重要一环，是提高蔬菜种子质量、实现蔬菜种子质量标准化的重要手段。

蔬菜种子清选主要采用种子清选机对蔬菜种子进行机械初选和精选。使用机械选种比人工选种速度快、质量好、效益高。机械清选的蔬菜种子，发芽快、齐、匀、壮，为作物稳产、高产奠定了良好的基础。

种子清选机的主要类型包括：风筛式清选机、窝眼筒式清选机、比重式清选机、色选机等。

一、风筛式清选机

1. 风筛式清选机的清选原理

风筛式清选机是按照待选种子和夹杂物之间的外形尺寸和悬浮速度的不同进行分选。设备工作时，按照种子外形尺寸的不同，选取合适的筛片，在筛片的作用下，可实现种子与杂物的分离。同时，根据悬浮速度的不同，采取风选方式可有效剔除较轻的杂物。该类型清选机主要用于农作物种子的初选加工。

2. 几种典型风筛式清选机的技术参数

几种典型风筛式清选机的外形与技术参数见表 2－1。

表 2－1 几种典型风筛式清选机的外形与技术参数

典型机型	功能特点	技术参数
5XC－50A 型蔬菜花卉清选机（酒泉奥凯种子机械股份有限公司）	适用于对辣椒种子、番茄种子等质量较轻、体积较小的蔬菜花卉种子进行风选。各种种子通过该机一次风选后，大幅提高种子净度。该机还可作为实验室的试验设备。	生产率：50kg/h；总功率：0.75kW；外形尺寸（长×宽×高）：1 804mm×834mm×1 733mm

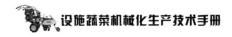

（续）

典型机型	功能特点	技术参数
5XL－100型蔬菜花卉清选机（酒泉奥凯种子机械股份有限公司） 	适用于辣椒种子、番茄种子等质量较轻、体积较小的蔬菜花卉种子的风选、筛选。通过更换筛片、调节风量、改变筛箱振动频率即可对苜蓿、油菜种子等进行清选。	生产率：100kg/h；总功率：1.85kW；外形尺寸（长×宽×高）：1 280mm×1 210 mm×2 330mm
5X－12.0型风筛式清选机（南京农牧机械厂） 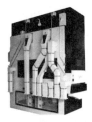	结构简单，振幅大，功耗小，运转平稳，适用性强。	生产率：12t/h；总功率：10.65kW；净度≥98%；外形尺寸（长×宽×高）：3 965mm×1 950mm×4 100mm

二、比重式清选机

1. 比重式清选机的清选原理

比重式清选机是按照物料中各组分的比重差异开展清选。清选机根据不同情况可单机使用，也可与其他设备配套使用。设备工作时，风机驱动产生的气流穿透种子，种子由于比重差异而达到分层的效果。由于振动筛的作用，较大比重的种子得以与筛面接触并沿着筛面向上爬升，而较小比重的种子则处于料层上方，随筛面的振动向下滑落，从而实现分离。比重式清选机可将完好种子中的病变、虫蛀等瑕疵种子以及沙石、泥块等杂物有效分离。

按照风压的不同，又可分为正压比重式清选机和负压比重式清选机，一般采用正压式。

2. 比重式清选机的使用调整

比重式清选机的使用调整主要有：喂入量调整、横向倾角调整、纵向倾角调整、振动频率调整、风量调整等。

（1）喂入量调整　喂入量决定机器的分选能力。能保证物料覆盖整个工作台面的喂入量最低值为最小喂入量，能得到可以接受的分选效果的喂入量最高值为最大喂入量。在极限值之间，当加工能力增加时，分选质量下降；而加工能力降低时，分选质量上升。

喂入量控制位于喂入斗上，用以控制落在分选工作台上的喂入量，不管是应用标准的正压式喂入斗还是其他型号，其控制手段都是基本的喂入速率应一致，使物料不乱蹦动。因此，在喂入斗的上方应设置一个缓冲仓。

（2）横向倾角调整　横向倾角决定物料从喂入端到排料端的速率。高的喂入量要求大的横向倾角，较低的喂入量要求较小的横向倾角。横向倾角决定种子处于分选作用的时间长短，直接影响分选质量。

横向倾角与喂入速率控制密切相关。当喂入量增加时，横向倾角必须加大，这时工作台面上的物料厚度不会变得很厚；当喂入量减少时，横向倾角应该减小，这时工作台面上的物料厚度不会变得很薄，工作台面将被物料完全覆盖。调整横向倾角需松开夹紧旋钮，旋动调整曲柄，然后再次旋紧夹紧旋钮。

（3）纵向倾角调整　纵向倾角是工作台面高边与低边之间的高度差。纵向倾角增大将引起物料向工作台的低边方向流动，纵向倾角减小会使物料移向高边方向。在正常情况下，当纵向倾角达到或接近最大斜度时会得到最好的分选效果。但应注意：不要使纵向倾角太大，如果太大，即使增加振动频率，也不能使物料向高边移动。相反，如果纵向倾角太小，即使用较低的振动频率，也会使全部物料都移向工作台上较重物料一侧。纵向倾角的调整，先松开两夹紧旋钮，移动纵向倾角调节手柄，移向机器方向可得到较大的倾角，向离开机器方向移动可得到较小的倾角。

（4）振动频率调整　振动频率与纵向倾角密切相关，振动频率增加会引起物料向工作台的高边移动，而振动频率降低会使物料移向其低边。总的说来，增加或降低振动频率会得到更精确的分选。当应用最大的纵向倾角，物料仍然全部移向工作台的高边时，则振动频率过大，转动位于机器一侧的变速控制钮能调整振动频率，顺时针旋转频率提高，逆时针旋转频率下降。

（5）风量调整　风量调节是比重式清选机的最重要调整。风量控制中最常见的错误是风量太大。分选作用并不是把轻物料"吹离"重物料，而是通过控制气流使物料分层，然后通过工作台面的振动作用进行分选。太大的气流会因沸腾作用把较重的颗粒从工作台面上提起并与上层较轻的物料混合，太小的气流会使物料呈现呆滞并被堆积。总的说来，为得到好的分选效果，在喂入区要求有大量气流，当物料从喂入端向排料端运动时，为保持其适当分层化，要适当地减少气流量。

3. 几种典型比重式清选机的技术参数

几种典型比重式清选机的外形与技术参数见表 2-2。

表 2-2　几种典型比重式清选机的外形与技术参数

典型机型		功能特点	技术参数
5XZ-100 型比重式清选机（酒泉奥凯种子机械股份有限公司）		适用于对苜蓿、油菜籽等种子的清选，可有效地清除物料中颖壳、石头等杂物以及干瘪、虫蛀、霉变的种子。	生产率：350kg/h±10%；功率：2.75kW；外形尺寸（长×宽×高）：1 650mm×1 425mm×1 700mm
5XZ-5.0 型比重式清选机（南京农牧机械厂）		采用振动与气流相结合技术，对不同比重的蔬菜种子进行精选加工。	生产率：5.0t/h；功率：7.1kW；获选率≥98%；外形尺寸（长×宽×高）：2 750mm×1 580mm×1 250mm
5XFZ-25SC 型风筛比重清选机（石家庄聚力特机械有限公司）		多功能：集风筛、比重选、筛选于一体；净度高：有效去除90%以上的秕籽、芽粒、虫蛀粒、霉变粒、黑粉病粒等较轻杂质。	生产率：10.0t/h；功率：12.5kW；外形尺寸（长×宽×高）：3 800mm×2 300mm×3 600mm

三、窝眼筒式清选机

1. 窝眼筒式清选机的清选原理

窝眼筒式清选机是根据物料长度差异进行分选。待清选种子进入窝眼筒内做旋转运动时，借助物料的长度和运动轨迹差异，实现不同物料的分离。设备工作时，小尺寸种子以及破碎种子等进入窝眼内并被旋转的窝眼筒提升排出。未进入窝眼的大尺寸种子，沿着窝眼筒内壁从另一方向分流。该类型清选机的作业效率不高，可用作种子加工中的精选设备分离长杂和短杂，也可作为分级设备用于种子精选。

工作时，将种子混合装入筒内使筒回转，长度小于圆窝口径的种子即进入窝内并随窝眼上升，到相当高度后落入承种槽内被推运器运走；长度大于圆窝口径的种子或杂物，不能全长都进入圆筒，或完全横在窝外，当窝眼上升较高时即滑下，再重复上述运动并沿窝眼筒轴线方向逐步移动，最后由筒的低端流出。窝眼筒式清选机的清选原理如图 2-3 所示。

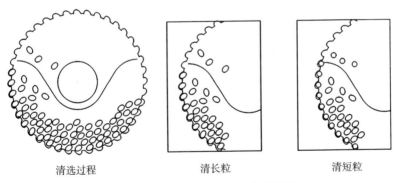

清选过程   清长粒   清短粒

图 2-3 窝眼筒式清选机的清选原理

2. 窝眼筒的组合

通常将清长杂窝眼筒与清短杂窝眼筒进行组合，以清除蔬菜种子中的长杂和短杂。物料先由第一个窝眼筒清短杂，然后由第二个窝眼筒清长杂。

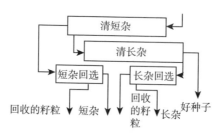

图2-4 分级清选简图

3. 窝眼筒式清选机的作业质量规范

（1）生产率不低于产品使用说明书规定。

（2）除长杂率≥90%。

（3）除短杂率≥85%。

（4）单位筒壁面积生产率≥0.4t/（m² · h）。

（5）获选率≥97%。

（6）单位功率生产率≥2.5t/（kW · h）。

（7）分选机单机作业时应配有集尘装置，工作场所空气中粉尘浓度应不大于10mg/m³。

（8）作业场所作地点噪声应不大于85dB（A）。

4. 几种典型窝眼筒式清选机的技术参数

几种典型窝眼筒式清选机的外形与技术参数见表2-3。

表2-3 几种典型窝眼筒式清选机的外形与技术参数

典型机型	功能特点	技术参数
5XW-100型窝眼筒式清选机（酒泉奥凯种子机械股份有限公司）	主要用于蔬菜、花卉、牧草种子的分级，可从种子中清除有害草籽（短杂草籽或长杂草籽），可与各类清选机配套组成种子加工成套机组，以便清除清选机无法清除的短杂或长杂，同时又可单机独立作业。	生产率：100kg/h（生菜、胡萝卜）；总功率：0.75kW；外形尺寸：（长×宽×高）：2 272mm×866mm×1 756mm；整机重量：405kg；窝眼筒直径：500mm；窝眼筒长度：1 207mm

（续）

典型机型	功能特点	技术参数
 5XW－5.0型窝眼筒式清选机（南京农牧机械厂）	两只主滚筒十一只副滚筒，具有产量高、功耗小、结构简单、占地空间小、易维护等特点。	生产率：5.0t/h；功率：4.4kW；除杂率：短杂≥80%，长杂≥75%；外形尺寸（长×宽×高）：3 680mm×1 000mm×2 570mm

四、蔬菜种子色选机

1. 蔬菜种子色选机的清选原理

蔬菜种子色选机是根据种子颜色特征的差异进行分选。待分选的种子经过分选室内的观察区，并从观测传感器和背景板间穿过，传感器接收来自物料的光信号，并与事先选择的光色进行比较，当两者间有差异时，控制系统迅速驱动喷阀作业，将其剔除。色选机可以有效剔除比重及大小与正常种子相似，但颜色特征存在差异的霉变等瑕疵种子与杂质。

蔬菜种子色选机主要是根据蔬菜种子的颜色差异及光学特性差异将不良品、杂质及异色颗粒色选出去，达到优选蔬菜种子的效果，提高蔬菜种子质量，提升蔬菜种子价值。

2. 蔬菜种子色选机的工作流程

被选物料从顶部的料斗进入种子色选机，通过振动器装置的振动，被选物料沿通道下滑，下落进入分选室内的观察区，并从传感器和背景板间穿过。在光源的作用下，根据光的强弱及颜色变化，使系统产生输出信号驱动电磁阀工作吹出异色颗粒，而好的被选物料继续下落至接料斗成品腔内，从而达到选别的目的。

3. 典型蔬菜种子色选机的技术参数

以深圳市中瑞微视光电有限公司生产的蔬菜种子色选机为例，说明蔬菜种子色选机的技术参数，具体数据见表2－4。

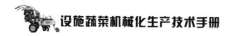
表 2-4　典型蔬菜种子色选机的技术参数

名称	智能彩色 CCD 十通道种子色选机	智能彩色 CCD 六通道种子色选机	智能彩色 CCD 双通道种子色选机
产品型号	6SXM-680	6SXZ-408	6SXZ-136
外形			
产量（t/h）	816	4～7	1.2～2
净选率（%）	≥99.99	≥99	≥99
电源电压	220V/50Hz	220V/50Hz	220V/50Hz
功率（kW）	8.5～10.9	4.8～5.2	1.4～1.8
气源压力（MPa）	0.6～0.8	0.6～0.8	0.5～0.7
气源消耗（L/min）	<6 100	<4 800	<1 800
整机重量（kg）	2 200	1 180	440
外形尺寸（mm）	4 200×1 530×2 250	2 680×1 530×2 100	1 290×1 510×1 770

五、蔬菜种子清选机的作业质量规范

蔬菜种子清选机的作业质量应符合《种子初选机　质量评价技术规范》（NY/T 369—2017）的要求，具体作业质量规范见表 2-5。

表 2-5　蔬菜种子清选机的作业质量规范

项　目	质量标准
纯工作小时生产率（t/h）	达到设计要求
千瓦小时生产率［t/(kW·h)］	≥2.0
获选率（%）	≥98
净度（%）	≥95
发芽率（%）	高于选前

（续）

项　目	质量标准
噪声［dB（A）］	≤85
粉尘浓度（mg/m³）	≤10
轴承温升（℃）	≤25

注：当机具带除尘装置时，指标允许降低1/3；单机使用时应配有除尘装置。

第三节　蔬菜种子包衣机械化技术

种子包衣是在种子精选之后的机械化处理环节，现代化的种子包衣处理是利用种子包衣机完成的，主要将包含特定比例的杀虫剂、灭菌剂、植物生长调节剂和微量元素肥料等有效成分包裹在种子的表面，从而达到在播种后发挥种衣成分的作用。包衣技术是集生物、化工、机械等技术于一体的一项高科技实用技术，播种后的种子既具备充足的养分供给，还能有效抵御病虫害的滋生，有效提高种子的发芽率和生长状态，达到高产和丰产的目的。

一、蔬菜种子包衣机的类型

不同类型种子包衣机的包衣过程在技术上存在一定差别，但其基本的工作原理是一致的，首先将精选后的农作物种子与种衣剂按照特定比例投入设备，经充分混合后，种衣剂会均匀地包裹在种子的外表面，再将包衣后的种子输出并储存。

1. 按种药供给方式分

可分为种药间歇式包衣机和种药连续式包衣机。

（1）种药间歇式（或批次式）包衣机　种药间歇式包衣机是采用机械翻斗供给种药和种子。在我国的使用时间较长，其特点是成批量地进行种子和种衣药剂的供给，其在工作过程中存在着供给不连续的缺点，同时也不能精确地保证种子和药剂的供给量，因药匀中每次都会残留不定量的种衣药剂，容易影响种药混合比的一致性，但是这一机型结构相对简单，具备一定的价格优势。翻斗供给型包衣机又分为滚筒喷雾式、甩盘雾化式、旋转式三种形式。滚筒喷雾式包衣机在我国应用更为广泛，如 5BY‐5A 型包衣机，该机能够有效防止种子破损。

（2）种药连续式包衣机　种药连续供给型能够实现种子和包衣药剂的连续供给，使用流量人工机械调控机构供种，配合定量计量泵可调供药方式进行包衣作业，保证了种药配比精度，显著提高了电气控制程度和功能。主要代表机型有 5BYX‐3.0 型种子包衣机、5BX‐4 新型种子包衣机和 5BJZ‐3.0 型多功能种子包衣机。其中 5BYX‐3.0 型种子包衣机高速的离心雾化功能提高了包衣的可靠性，在自动控制方面提升了稳定性及可靠性。

2. 按料液混配方式分

可分为旋转式包衣机、搅龙式包衣机、螺旋推送式包衣机、回转釜式包衣机等。

二、蔬菜种子包衣机的结构

蔬菜种子包衣机由机架、供料机构、滚筒机构、供药机构、供粉机构及控制系统等功能模块构成（图 2‐5 所示）。

蔬菜种子由提升器装满料斗后，投料机构开始向自动计量称投料，为减少投料误差，根据投料量多少设计大投、中投和小投三级变量调节机制，分别由各气缸和电磁阀控制。先大投和中投同时工作，投入量到达设定量 90%（可修改）时，大投停止，到达设定量 97%（可修改）时，中投停止，小投开始，直到完成全部设定量，小投停止；蔬菜种子开始经由分流板均匀下落，同时供药机构开始工作，药液雾化后均匀喷洒在种子表面，种子落入滚筒，滚筒在电机驱动作用下旋转使种子滚动，此时开始供粉，粉料黏附在种子表面形成包裹，经过旋转运动，种子变大变圆，形成丸粒。此时再次启动供药机构，形成第 2 层包衣膜，再次供粉以提高丸粒硬度和均匀程度。

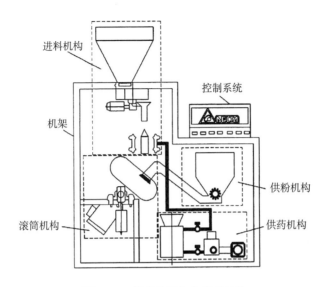

进料机构

控制系统

机架

供粉机构

滚筒机构

供药机构

图 2-5 蔬菜种子包衣机的结构

蔬菜种子包衣机的工艺流程如图 2-6 所示。

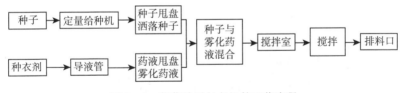

图 2-6 蔬菜种子包衣机的工艺流程

三、蔬菜种子包衣机的作业质量规范

蔬菜种子包衣机的作业质量规范见表 2-6。

表 2-6 蔬菜种子包衣机的作业质量规范

项 目	作业质量指标
包衣合格率（%）	≥93
破损率（%）	≤0.1

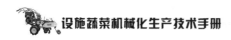

（续）

项　目	作业质量指标
种衣剂及种子喂入量变异系数	≤0.025
种衣剂与种子配比调解范围	1：（25～120）
种衣剂散逸量（mg/m³）	≤0.1
小时生产率	不低于设计额定值
千瓦时生产率　带空压机	≥1.5
[t/(kW·h)]　不带空压机	≥5.5
有效率（%）	≥98
噪声 [dB（A）]	≤85

四、典型蔬菜种子包衣机的主要技术参数

以酒泉奥凯种子机械股份有限公司生产的 5BY-5.0V/8.0V/12.0V 型种子包衣机为例（图 2-7），说明其主要技术参数。

图 2-7　BY-5.0V/8.0V/12.0V 型种子包衣机

BY-5.0V/8.0V/12.0V 型种子包衣机的主要特点：

（1）采用独特的双级超速雾化装置，使种子和药液在高速旋转下充分结合，极大地提高了药液与种子的附着力和包衣均匀度。

（2）采用了先进的弹性搅龙包衣输送装置，更适合于易破碎种子的包衣，清机方便，破碎率低。整机采用全封闭式结构，避免了因种衣剂气味泄出对人员的危害。

（3）设计了可调流量的蠕动计量泵供药，药体不接触泵体，保证了精确的药种配比，解决了以往柱塞泵因药液堵塞单向阀易出现的机械故障。药种配比在 1∶（20～125）（范围内可调）。

（4）电气控制设置了物料及药液流量传感器，大大提高了机械的稳定性、可靠性和适应性。

（5）该机除具有上述特点外，还可减少包衣剂损失 15%。

BY - 5.0V/8.0V/12.0V 型种子包衣机的主要技术参数见表 2 - 7。

表 2 - 7　BY - 5.0V/8.0V/12.0V 型种子包衣机的主要技术参数

型号	生产率（kg/h）	总功率（kW）	外形尺寸（mm）	包衣合格率（%）	破碎率（%）	药种比
5BY - 5.0V	2 000～5 000	2.62	2 080×780×2 150			
5BY - 8.0V	3 000～8 000	7.82	2 376×780×2 120	≥95	<0.01	1∶（20～125）
5RY - 12.0V	4 000～12 000	7.82	2 310×800×2 000			

第四节　蔬菜种子丸粒化技术

种子丸粒化技术作为种衣技术的一种，指的是通过种子丸粒化机，利用各种丸粒化材料使重量较轻或表面不规则的种子具有一定强度、形状、重量，从而达到小种子大粒化、轻种子重粒化、不规则的种子规则化的效果，可显著提高种子对不良环境的抵抗能力。

一、蔬菜种子丸粒化的类型与工艺流程

1. 蔬菜种子丸粒化的类型

（1）重型丸粒种　为加大种子重量，在包衣剂助剂中增加重量（增加的重量可为种子重量的 2～50 倍）。可抗风吹，耐干旱，提高成

活率，便于机械播种。适用于如白菜、萝卜、芹菜等蔬菜小粒种子。

（2）速生丸粒种 为了促进种子提前出苗和争取一次保全苗，在播种前对种子进行催熟处理后，再进行丸粒化，丸粒化后 10～15d 内播种。如需要大规模育苗的蔬菜种子，以此来提高播种效率、出苗整齐一致性和抗病虫害能力。

（3）扁平丸粒种 为防止种子被风吹走，提高飞机播种时的准确性和落地后的稳定性，保证播种质量，即把细小的种子制成较大、较重的扁平丸粒。

（4）结壳丸粒种 是介于包衣和重型丸粒包衣之间的一种丸化方式，包衣剂和添加剂不超过种子质量的 2 倍，将粗糙的种子经加工成为表面光滑、形状一致，使得种子更适合气动播种机的精确播种，且种子增加质量少，助剂配料用得少。

2. 种子丸粒化物料配方

种子丸粒化材料主要成分有：黏合剂、粉剂、填充剂、防腐剂、着色剂。不同作物种子丸粒化，加入的物料成分根据需要而定，包括粉状惰性物质（粉剂、黏合剂）、活性物质，其中最主要的是粉剂和黏合剂，这两种物质决定了种子丸粒化后的硬度、崩解性及对种子发芽出苗的影响。

（1）黏合剂 用于蔬菜种子丸粒化的黏合剂主要为纤维衍生物、聚乙烯衍生物。黏合剂可以混合使用，以调节黏合效能。黏合剂用量必须控制，既要使丸粒有一定的紧实度，又要使丸粒播种后能及时崩解。

（2）粉剂 用于蔬菜种子丸粒化的粉剂主要有铝硅酸盐、海泡石类、木质纤维等有机物类、岩石等硬物类。

①铝硅酸盐黏土类。具有可塑性、膨胀性、分散性、凝聚性、黏性等性质，如伊利石、绿泥石、海绿石、埃洛石、长石、蒙脱石、高岭土、白陶土、膨润土等。

②海泡石类。是一种具链层状结构的含水富镁铝硅酸盐黏土矿物，具强吸附性，遇水膨胀且有高可塑性、良好的分散性、热稳定性；并具有大的比表面积以及去污、去毒、脱色和抗凝性。

③木质纤维等有机物类。如甘蔗渣、甜菜渣、木炭、锯屑、泥炭、纤维素等。

④岩石等硬物类。如花岗岩、红砂岩、珍珠岩、硅石、蛭石、沸石、硅藻土、碳酸钙、滑石粉、石膏等。有些分级同时具有黏合剂作用。由于崩解作用与黏合作用相对抗，选用时要权衡考虑。

（3）填充剂　可作丸粒化填充剂的材料很多，如黏土、改性淀粉、硅藻土、蛭石等。选用标准主要考虑：取之方便，价格便宜，对种子无害。

（4）防腐剂　由于丸化材料本身带菌或操作过程中造成污染，在丸化材料中必须加入防腐剂。防腐剂用量要严格控制，以免造成对种子的伤害。

（5）着色剂　很多种子处理均包括染色。染色的目的：作为一种警示色，标明此种子经过处理；作为不同种子的识别。常用的染色材料有胭脂红、柠檬黄、靛蓝 3 种。用此 3 种染料按不同比例配比，即可得到多种颜色。

3. 蔬菜种子丸粒化加工工艺

种子丸粒化加工工艺要求严格，根据物料功能可分层包裹，也有物料配方一次包裹丸粒成型。丸粒化种子加工根据加工方法主要有旋转法和漂浮法。旋转法又称滚动造粒法，利用种子表面特征与旋转釜体内表面间的吸附性能，种子随釜身旋转而不断转动，同时按序定量交替加入粉剂和胶悬液，在种子表面形成球形衣壳。漂浮法又称流动造粒法，利用风力使种子在釜内边流动边翻滚，呈悬浮状态，同时向种子流按序定量交替加入粉料和胶悬液，使种子表面因悬浮翻滚粘连上物料而形成一定厚度的衣壳。悬浮法丸化效果更好。

种子丸粒化加工工艺流程如图 2-8 所示。

二、蔬菜种子丸粒化机的结构原理

1. 蔬菜种子丸粒化机的主要结构

丸化机主要由包衣机、液状物料加料系统、防尘系统和电器设

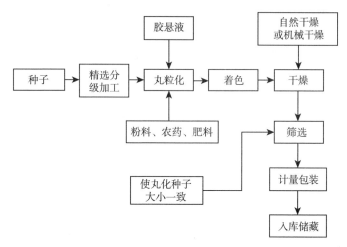

图 2-8　种子丸粒化加工工艺流程

备等组成。包衣机主要由传动装置、丸衣罐、机动减速电机张紧装置及电机等组成。液状物料加料系统，主要由电动压缩泵、贮水贮气箱等组成，用以将黏结剂及液状物料在喷射过程中剧烈膨胀成雾状。防尘装置主要由外壳及防尘玻璃等组成。丸衣罐回转时种子被罐壁与种子之间、种子与种子之间的摩擦力带动随罐回转，到一定程度后，在重力的作用下由罐壁下落，下落至罐的下部又被带动，这样周而复始地在丸衣罐内不停地运动，黏着剂定时地由电动喷枪呈雾状均匀喷射到种子表面。当粉状物料加入后，即被黏结剂粘附，如此反复使种子不断被物料包裹成丸化种子。

2. 蔬菜种子丸粒化的加工过程

种子丸化机由机座、电机、减速箱、滚动罐、气泵、喷雾装置等组成。作业时，除种子和粉料由人工加入外，喷雾和鼓风自动控制。滚动罐转速视种子大小而定，一般为 30r/min，生产效率平均为 50~60kg/h。种子丸化过程可分以下 4 个时期。

（1）成核期　种子放入滚动罐内匀速滚动，同时向罐内喷水雾。待种子表面湿润后，加入少量粉料，在滚动中粉料均匀地包在种子外面。重复上述操作，形成以种子为核心的小球。杀虫剂、杀菌剂一般在此阶段加入。

（2）丸粒加大期　向罐内改喷雾状黏合剂液，同时投入粉料、化肥及生长素等混合物。喷黏合剂和投加粉料要做到少量多次，直至达到接近要求的种子粒径。

（3）滚圆期　此时期仍向罐内喷雾状黏合剂，同时投入较前两个时期更细的粉料，鼓热风并延长震动时间，以增加丸粒外壳的圆度和紧实度。待大部分丸粒达到规定的粒径后，停机取出种子过筛，除去过大及过小的丸粒种子和粉渣。

（4）撞光染色期　将过筛后的种子放回滚动罐中，加入滑石粉和染色剂，不断滚动，使种子外壳有较高的硬度和光滑度，并用不同颜色区分种子品种。

丸化材料组成及含量配方根据需要而定。

三、蔬菜种子丸粒化机的使用

1. 蔬菜种子丸粒化前的准备

（1）种子要求　蔬菜种子应符合标准 GB/T 16715（瓜菜作物种子）的规定。

（2）农药要求　蔬菜种子丸粒化包衣过程中所用到的农药应符合 GB/T 8321（农药合理使用准则）的规定。

（3）黏合剂要求　蔬菜种子丸粒化包衣过程中所用到的黏合剂，如羧甲基纤维素钠应符合 GB 1886.232（《食品安全国家标准 食品添加剂 羧甲基纤维素钠》）的规定，明胶应符合 GB 6783（《食品安全国家标准 食品添加剂 明胶》）的规定，其他黏合剂也应符合对应标准的规定。配制的黏合剂溶液黏度范围应为（4 000±200）MPa·s，目的是既要保证黏合剂有较好的黏合作用，又要保证黏合剂溶液有良好的流动性。

（4）惰性填充材料　试验中用到的包衣填充材料（滑石粉、膨润土、硅藻土、泥炭等）必须为粉体颗粒，目数≥200。

（5）机具性能　采用的蔬菜种子丸粒化包衣机的性能见表2-8。

表 2-8　蔬菜种子丸粒化包衣机的性能指标

项　目	性能指标
转釜直径（mm）	500
丸粒化包衣种子直径（mm）	3.5
产能（丸粒个数/批）	250 000
最大雾化压力（kPa）	600
最高转釜转速（r/min）	85
黏合剂储液量（L）	2
喷液流量（mL/min）	50

注：喷液的液体黏度为 4 000MPa·s（在 20kPa 下）。

2. 蔬菜种子丸粒化机的试运转

（1）按使用说明书要求，进行设备的水平调整，将丸化机与压缩机、除尘机连接并调整机组。

（2）调节转釜的高度至 1.2m，生产前预调节转釜倾角至 40°，在生产过程中根据加工情况再进行微调。

（3）试验前将调制好的黏合剂（着色剂）或其他液体注入玻璃液体储存器中。

（4）移动装载有压缩空气喷雾喷头的支架，将喷头转动至转釜外，并在喷头下放置废液收集装置（塑料盒，40cm×30cm×15cm）；打开压缩空气的阀门，预调节压力至 100kPa；打开控制黏合剂向下流动的阀门和黏合剂进入喷头的阀门，调节喷头上的旋转开关使喷出的液体达到所需的流量和雾化效果。

（5）当喷头雾化效果调整好后先关闭喷头上的阀门，再关闭液体向下流动的阀门，最后关闭压缩空气开关，即先停止供应液体，再停止压缩空气。

3. 蔬菜种子丸粒化机的生产作业

（1）按照设定，称取精选后的种子 600g，置于转釜中，调整转釜转速，使种子旋转滚动，并无沿壁滑动。

（2）喷少量清水（或添加杀菌剂液）将种子表面润湿。

（3）添加惰性材料 10g，尽可能均匀覆盖于种子上，转动转釜，使惰性材料附着于种子上。

（4）喷入黏合剂（喷液时间 20s），根据喷雾效果调整喷头位置，尽可能使雾化的黏合剂均匀覆盖于种子上；转动转釜约 1min，使种子随转釜转动而相互摩擦，达到黏合剂分布均匀的效果。

（5）重复第 3 步和第 4 步，重复进行 5 次，每次重复时惰性材料添加量增加 10g，黏合剂喷液时间增加 20s，直至丸化后的种子达到设定大小。

（6）将丸化种子进行筛分，剔除过大的种子，保留达到设定大小的种子，然后将小于设定大小的种子重新置于转釜中，继续加工，直至达到设定的大小。

（7）当停止丸粒化的工作时，首先要停止液体的供应，然后关闭压缩空气的供应。停止转釜时，按下控制箱上旋转盘的停止按钮。

（8）将加工完成的种子手工或使用真空装置取出，再移至烘干设备中，在温度 40℃下烘干至安全水分，然后检测丸粒化种子的品质，封装保存。

4. 丸粒化机的保养与存放

应进行日常班前、班后保养。在每班工作完毕后，着手清洁和维护工作前，拔掉电源插头。全面清理丸粒化包衣机，清理各个工作部件附着的灰尘和杂物。检查易损件磨损、损坏情况，及时修理或更换。在每季作业完毕后，要按照使用说明书的要求进行全面保养。整机在休闲季节，应入库存放在平坦、通风、干燥处，对各工作部件和调节螺母螺栓涂油防锈，对各轴承等润滑点加注润滑脂；将各部位的弹簧放松，使之处于自由状态；检查塑胶件是否老化。

四、蔬菜种子丸粒化机的作业质量规范

为了适应精量机械播种，蔬菜种子丸粒化包衣质量要求见表 2-9。

表 2-9　蔬菜种子丸粒化包衣质量要求

项　目	质量指标
丸粒抗压强度（N）	≥3
单籽率（%）	≥90
有籽率（%）	≥95
含水率（%）	≤7
粉尘脱落率（%）	≤0.005
丸粒种子流动性（tga）	≤0.3
外观	包衣层均匀，外观整齐

五、典型蔬菜种子丸粒化技术

以甜菜为例，介绍甜菜种子丸粒化的加工过程。

甜菜种子丸粒化技术，是在种子包衣技术基础上发展起来的一项适应精量播种需要的农业高新技术，是使某些作物的种子形状由不规则转为大小均匀一致、形状规则的小球体，便于人工与机械精量播种的加工技术。

1. 甜菜种子丸粒化配方

填充剂：木屑；黏合剂：桃胶粉或羧甲基纤维素；增氧剂：过氧化钙；杀菌剂：福美双；固型剂：钛白粉、珠光粉、桃胶粉。

2. 种子的选择

要求种子粒径在 2.50～3.75mm，粒径级差在 0.50mm 以内，种子粒径级差越小，丸粒化后种子的均匀度越好；发芽率≥95% 的单胚种作为加工用种。

3. 丸粒化物料混拌

（1）填充剂的混拌　先将部分木屑平铺在地面，将事先筛好的定量福美双及过氧化钙均匀筛于木屑表面一部分，再加入剩余木屑和筛剩的药粉，均匀搅拌几遍以后即可装袋待用。勿将木屑与药粉直接放入搅拌器中混拌。

（2）固型剂　将钛白粉、珠光粉和桃胶定量放入搅拌器中搅拌

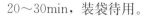

20～30min，装袋待用。

4. 甜菜种子丸粒化生产流程

（1）基本原理 利用旋转锅与种子之间以及种子与种子之间的摩擦力来带动锅内种子进行周而复始的翻转运动，黏合剂经气压喷涂泵定量地均匀喷射到种子表面，然后将物料（木屑）加入锅内，与种子表面的黏合剂粘附，形成包敷层，如此不断往复，种子逐渐包裹变大变圆，最后成为丸粒。

（2）生产流程

①先用黏合剂将种子表面均匀喷湿，加适量物料，不可过量，转动均匀后再喷黏合剂，周而复始。

②当种子有 50％ 成型时，用 4.5mm 网筛筛出粒径大于 4.5mm 以上的种球，待用。同时粒径小于 4.5mm 的种球要用 2.5mm 网筛筛去物料末，继续丸衣。

③当种子有 75％ 成型时，用 4.5mm 网筛筛出粒径大于 4.5mm 以上的种球，和先期筛出的放在一起待后期加入。同时粒径小于 4.5mm 的种球要用 3.5mm 网筛筛去小颗粒避免空包，继续丸衣。

④当几乎所有种子都成型时，将前两次筛出的粒径大于 4.5mm 的种球放入锅内一起丸衣。

⑤当黏合剂和物料都使用到量时，此时种球已经够大够圆，转动均匀后种球表面呈光滑态，加入定量固型剂，转动均匀后装盘准备烘干。

⑥烘干。用烘干箱 50℃烘干 60min 后，置种子晾晒间，晾晒到水分达到标准。

⑦将水分达到标准的丸粒化种子放在一起包衣染色，用 3.5mm 和 5.0mm 网筛过筛，中间的成品装袋放入冷库仓储。

5. 种子丸粒化的质量指标

发芽率≥95％，净度≥99％，单粒率≥95％，水分含量≤12％，粒径 3.50～4.75mm，单粒抗压强度≥1.47N，裂解率≥98％。

第三章

设施蔬菜育苗机械化技术

第一节 概 述

一、育苗方式

培育健壮的秧苗是蔬菜生产的重要环节，秧苗的质量直接影响到后期嫁接和移栽效果。育苗方式主要有穴盘育苗、基质块育苗、苗床育苗、漂浮育苗、纸筒育苗等。

1. 穴盘育苗

穴盘育苗是将混合的基质放在穴盘里，在穴盘的每个穴内播种蔬菜种子进行育苗的技术，如图 3-1 所示。

图 3-1 穴盘育苗

2. 基质块育苗

基质块育苗是将已成型的基质块摆放在苗床上，在每个基质块穴内播入蔬菜种子进行育苗的技术，如图 3-2 所示。

图 3-2 基质块育苗

3. 苗床育苗

苗床育苗是在特定的环境下培育幼苗，多是指在苗圃、温床或温室里培育幼苗，然后移植大田栽种。

图 3-3 苗床育苗

苗床育苗属于传统育苗范畴，具有育苗设施简单，育苗综合成本低，营养土要求不严格，幼苗生长一致性较差，幼苗病虫害管理困难等特点。苗床育苗营养土基料选择较广泛，如细河沙、锯木屑、泥炭、谷壳、甘蔗渣、沙壤水稻土、腐殖质土等均可。苗床制备对营养土要求：疏松透气，具有较强的保水保肥能力，营养元素基本充足，育苗过程可以随时追补施肥。苗床育苗成本低，比较适合个体农户育苗需求。苗床育苗、起苗为裸根幼苗，不利于运输，不适合蔬菜机械化高速移栽作业。

4. 漂浮育苗

漂浮育苗又称作漂浮种植，是将添加有泥炭、蛭石等无土栽培基质的泡沫穴盘漂浮于液面上，种子撒播于基质中，幼苗在育苗基质中扎根生长，并通过育苗盘底部留出的小孔吸收水分和养分的育苗方法。

图 3-4　漂浮育苗

漂浮育苗相较传统育苗具有明显优势，可以减少移栽用工，节省育苗用地，便于幼苗管理，利于培育壮苗和提高成苗率。漂浮育苗多用于生长期较短的绿叶类蔬菜，能够保证作物生长的一致性，避免传统栽培方法引起土传病虫害的发生。

5. 纸筒育苗

纸筒育苗主要是指使用特定的纸质材料制成的柱形或其他多边形纸容器，用营养基质填充后，再将种子撒播于基质中，幼苗在纸筒中生长的一种育苗方法。

常见的育苗纸筒主要有单体柱形纸筒和蜂窝纸筒。纸筒育苗根据不同育苗需求选取不同降解特征的纸材，育苗基质来源广泛，具有成本低、轻便、适合机械化移栽作业等优点。纸筒育苗目前主要用于茄子、生菜、番茄、黄瓜、辣椒等的机械化移栽。

图 3-5 纸筒育苗

二、育苗的工艺流程

蔬菜种子育苗主要工艺流程如图 3-6 所示。

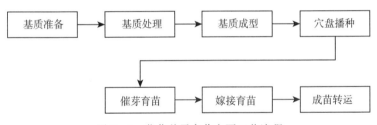

图 3-6 蔬菜种子育苗主要工艺流程

三、育苗的主要机械设备

在育苗机械化环节中，主要机械设备有基质搅拌机、穴盘育苗播种机、育苗嫁接机等。

第二节 基质搅拌机械化技术

一、基质的组成

蔬菜育苗基质是一种能够代替土壤，为蔬菜秧苗提供适宜养分和合适的酸碱性环境,具备良好的保水、保肥、通气性能和根系固着力的混合轻质材料。通常分无机基质和有机基质两大类型。

无机基质主要是指一些天然矿物或其经高温等处理后的产物作为无土栽培的基质,如沙、砾石、陶粒、蛭石、岩棉、珍珠岩等。它们的化学性质较为稳定,通常具有较低的盐基交换量,其蓄肥能力较差。

有机基质主要是指由一些有机生物残体及其衍生物构成的栽培基质,如草炭、椰糠、树皮、木屑、菌渣等。有机基质的化学性质常常不太稳定,它们通常有较高的盐基交换量,蓄肥能力相对较强。

一般说来,由无机矿物构成的基质,如沙、砾石等的化学稳定性较强,不会产生影响平衡的物质;有机基质如泥炭、锯末、稻壳等的化学组成复杂,对营养液的影响较大。锯末和新鲜稻壳含有易为微生物分解的物质,如碳水化合物等,使用初期会由于微生物的活动,发生生物化学反应,影响营养液的平衡,引起氮素严重缺乏,有时还会产生有机酸、酚类等有毒物质,因此用有机物作基质时,必须先堆制发酵,使其形成稳定的腐殖质,并降解有害物质,才能用于栽培。此外,有机基质具有高的盐基交换量,故缓冲能力比无机基质强,可抵抗养分淋洗和 pH 过度升降。

蔬菜育苗基质的组分一般包括草木炭、蛭石、珍珠岩、木屑、作物秸秆、畜禽粪便、树皮、菇渣等。

蔬菜育苗基质可以直接购买,也可以购买基质原料(图 3-7),然后按蔬菜育苗要求进行配制。

草木炭　　　　　　蛭石　　　　　　珍珠岩　　　　　　木屑

图 3-7　基质原料

二、基质搅拌机的类型

搅拌机可以用来搅拌调匀基质原料，搅拌机的结构形式多种多样，按工作方式可分为连续式和分批式；按配置形式可分为立式和卧式；按工作部件又可分为螺旋式、螺带式、桨叶式和转仓式。

三、基质搅拌机的结构原理

螺旋式基质搅拌机应用较广，以此为例介绍其结构组成和混合原理。

1. 螺旋式搅拌机的构造

螺旋式搅拌机主要由两根搅龙、定刀、箱体、出料口等部分组成。两根水平布置的搅龙是搅拌机的主要工作部件，电机传递动力通过搅龙轴带动螺旋套筒旋转；在搅龙的螺旋套筒上焊接有螺旋叶片，其上安装有可拆卸的星形刀片；料箱箱体内两搅龙之间有一横梁，横梁边缘均匀分布安装有可拆卸定刀，利用星形刀片与定刀之间相对运动形成剪切面，可实现对基质剪切加工（图3-8）。

图3-8 双轴卧式搅拌机

按照搅龙螺旋套筒上螺旋叶片的方向不同，可将搅龙分为左旋和右旋两种。双轴卧式搅拌机两搅龙为两段不同旋向的螺旋叶片，可实现混合基质各组成成分剪切、揉搓并均匀混合（图3-9）。

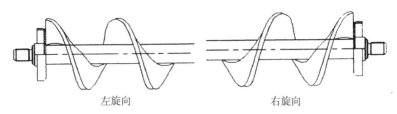

左旋向　　　　　　　　　右旋向

图 3-9　左、右旋向搅龙

2. 螺旋式搅拌机的搅拌混合原理

双轴卧式搅拌机采用叶片对中双搅龙螺旋，实现基质轴向水平搅拌和沿圆周搅拌等多向混合。在基质搅拌过程中，混合基质在搅龙螺旋叶片的作用下，物料从料箱两端同时向搅拌机中间位置成螺旋线状向前运动，即在轴向水平输送的同时伴随着圆周方向的翻滚运动。两根反向旋转的搅龙轴带动两搅龙螺旋叶片做相对旋转运动，使混合基质实现切向和轴向的复合运动。搅龙叶片上均匀分布的动刀与两搅龙轴中间安装的定刀相对运动形成剪切面，从而对黏块基质进行剪切和揉搓。随着双螺旋搅龙的不断旋转，物料不断向搅龙中间段运动，当搅龙中间段物料堆积到一定高度时形成上下落差，由物料自重克服摩擦力与内聚力而自由落下，或沿基质混合搅拌机内壁向下滑移，形成扩散。落下的基质又与料箱底部基质混合，混合基质再轴向翻滚运动，形成交叉混合运动，实现了混合基质在料箱内的对流和挤压，从而使粒度、质量及含水率差别较大的不同基质在料箱内充分混合。两搅龙轴旋转工作时，基质在料箱内实现了三维空间立体轮回多循环搅拌运动，并在不断被剪切、揉搓、扩散搅拌作用下快速均匀混合。

四、基质搅拌机的使用

1. 基质搅拌机操作规程

（1）作业前检查搅拌机的转动情况是否良好，安全装置、防护装置等均应牢固可靠，操作灵活。

（2）基质搅拌机启动后先经空机运转，检查搅拌机是否运行正常，一切正常方可进行下一步。

（3）投放草木炭搅拌 5min，待草木炭完全打碎后停止搅拌，将珍珠岩、蛭石、粉剂杀菌剂按一定比例投放到搅拌机中，加入适量水，继续开机搅拌 5min，待混合搅拌均匀后停止搅拌，根据基质含水量情况加入适量水继续搅拌 5min。搅拌均匀后，打开出料口，开始出料。

（4）工作完毕后关闭搅拌机，并关闭搅拌机总闸，然后将搅拌机清洗干净，清理时不得使电机及电器受潮。

2. 基质搅拌机操作安全注意事项

（1）基质搅拌机运转中不得用手或木棒等伸进搅拌料斗内或在料斗口清理基质。

（2）操作中，应观察机械运转情况，当有异常或轴承升温过高等现象时，应停机检查。操作中如发生故障不能运转需检修时，应先切断电源，将搅拌料斗内基质倒出，进行检修，排除故障。不得用工具撬动等危险方法，强行机械运转。

（3）搅拌机的搅拌叶片与搅拌料斗底及侧壁的间隙，应经常检查并确认符合规定，当间隙超过标准时，应及时调整。当搅拌叶片磨损超过标准时，应及时修补或更换。

（4）作业完毕，做好搅拌机内外的清洗和搅拌机周围清理工作，切断电源；检修搅拌机时，开关挂"正在检修，禁止送电"牌，并派专人监视。

（5）搅拌机的停放位置应选择平整坚实的场地，搅拌机安装平稳牢固。

（6）搅拌机的料斗内不能进入杂物，清除杂物时必须停机进行。

五、基质搅拌机的作业质量规范

（1）设备配套的零部件和结构应便于安装、使用维护并确保安全。

（2）设备工作时混合工作区噪声不大于 85dB（A）。

（3）电控装置安有防热、防潮等保护装置。

（4）设备搅拌混合均匀度大于 80％。

（5）搅拌工作室内排料后自然混合基质残留量低于 3％。

（6）设备使用可靠性大于 95％。

六、典型基质搅拌机的主要技术参数

几种典型基质搅拌机的外形与主要技术参数见表 3－1。

表 3－1　几种典型基质搅拌机的外形与主要技术参数

典型机型		功能特点	技术参数
DM－1903－1M 型多功能基质松散搅拌机（吉福瑞农业机械成都有限公司）		用于育苗播种前基质的破碎、搅拌作业。	额定功率：8kW；额定电压：220V/380V、50Hz；料斗容积：1m³；工作效率：5m³/h；处理粒径：无限制
2YB－J10 基质搅拌机（杭州赛得林智能装备有限公司）		主要适用于蔬菜、花卉等集约化高效育苗生产。可以根据不同需求和经验高效完成不同基质和各种配料的均匀搅拌。 适用于混合各种基质配料；容量大；具有自动提升、出料功能；搅拌均匀，并且不破坏基质成分、结构；可根据用户需求，控制基质湿度；可与播种流水线配套使用。	单次搅拌量：1 000L；功率：2.4kW；重量：900kg；搅拌持续时间：3～10min；外形尺寸（长×宽×高）：3 000mm×1 500mm×1 910mm

（续）

典型机型	功能特点	技术参数
鑫天碧基质搅拌机MC1120（北京鑫天碧农业设施工程有限公司） 	快速完成基质混合，减少工作时间和成本；内部采用不锈钢高阻力螺旋转子，减少磨损；可以手动和自动加水，自动送料；可配置移动轮，方便转移。	外料斗容量：1 150L，2 100L

第三节 穴盘育苗机械化播种技术

一、穴盘育苗机械化播种流程

穴盘育苗机械化播种的主要流程如下：

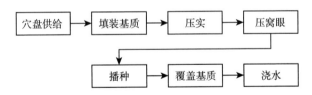

这些流程可部分实现机械化作业，如播种；也可以全部实现机械化作业，构成了穴盘育苗播种生产线。

二、穴盘育苗播种机的类型

1. 按穴盘播种原理分

可分为机械式穴盘播种机和气吸式穴盘播种机，其中气吸式穴盘播种机应用极广。

2. 按穴盘播种结构分

气吸式穴盘播种机按吸种工作部件结构形式不同，又可分为针

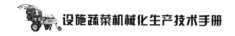

吸式、滚筒式、盖板式等。针吸式和滚筒式穴盘播种机可以配备穴盘供给、填装床土、压实和淋水作业装置，组成穴盘育苗流水线。

3. 按自动化程度分

可分为半自动穴盘育苗播种机和全自动穴盘育苗播种机。

三、穴盘育苗播种机的结构原理

1. 针吸式穴盘育苗播种机

该机工作时利用一排吸嘴从振动盘上吸附种子，当育苗盘到达播种机下方时，吸嘴将种子释放，种子经下落管和接收杯后落在育苗盘上进行播种。该机适用范围广，从秋海棠等极小的种子到甜瓜等大种子，播种速度可达 2 400 行/h，能在各种穴盘、平盘或栽培钵中播种，并可进行每穴单粒、双粒或多粒形式的播种。

2. 滚筒式穴盘育苗播种机

该机工作时利用带有多排吸孔的滚筒，首先在滚筒内形成真空吸附种子，转动到育苗盘上方时滚筒内形成低压气流释放种子进行播种，接着滚筒内形成高压气流冲洗吸孔，然后滚筒内重新形成真空吸附种子，进入下一循环的播种。该机适用于大中型育苗场，播种速度高达 18 000 行/h，适于绝大部分蔬菜、花卉等种子的播种。

3. 盖板式穴盘育苗播种机

盖板式穴盘育苗播种机只完成穴盘播种环节作业，该机主要由机架、真空系统、吸孔播种盘组成。其结构简单，价格低，操作方便（图 3 - 10）。

工作时，把已填充基质压窝的穴盘放在固定工位上，配备好与穴盘相应孔穴的吸孔播种盘，使吸孔播种盘内形成真空，在种盘内吸附种子，然后使吸孔播种盘对应好固定工位上的穴盘，再使吸孔播种盘内形成正压，释放吸附的种子落入穴盘压窝内，达到育苗播种的目的。气吸盖板式穴盘育苗播种为间歇式作业形式，一次完成一个穴盘育苗播种。

盖板式穴盘育苗播种机的吸孔播种盘根据穴盘规格以及种子的形状、大小配有不同型号的播种模板，作业时根据需要进行选配，

图 3-10　盖板式穴盘育苗播种机

能够适应绝大多数蔬菜品种育苗要求，但对于过小种子播种精度不高。

4. 全自动蔬菜育苗播种生产线

全自动蔬菜育苗播种生产线可完成穴盘基质添加刮平、压窝眼、播种、覆盖、浇水等作业。该流水线主要由基质添加组件、压窝眼组件、播种组件、覆盖组件、浇水组件五大部分组成，通过输送带连接成育苗播种流水作业生产线（图 3-11）。

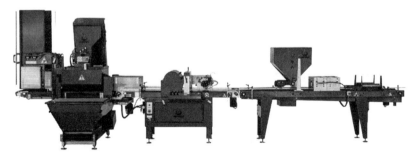

图 3-11　全自动蔬菜育苗播种生产线

工作时，由人工将空穴盘放置在输送带上，基质由提升链提升至基质添加漏斗内，当空穴盘移动到基质添加漏斗下方时，系统会自动检测定位，自动打开使基质添加漏斗，在穴盘移动的过程中加满基质，同时在穴盘移动过程中压实、刮平基质，完成穴盘基质填充作业。

填充好基质的穴盘随输送带移动到压窝眼组件下方，系统自动检测定位，根据穴盘规格自动对中每排孔穴中心线，窝眼压头按设定窝眼深度整排压制窝眼，直至整个穴盘压制完。压好窝眼的穴盘随输送带移动至针式播种部件下方，系统自动检测定位，根据穴盘规格每排孔穴窝眼自动对准导种管，种子在重力作用下掉落至导种管滑入穴盘中，实现播种。该类排种机构可实现每次单粒的精密播种，作业可靠性高、效率高，调整真空度和吸针孔直径可适应不同大小种子。但由于吸附时针会对种子产生冲击，容易造成种子损伤。

播种好的穴盘随输送带移动到覆盖组件下方，系统自动检测定位，自动打开覆盖基质添加漏斗，在穴盘移动的过程中均匀覆盖基质。

覆盖好基质的穴盘随输送带移动到喷淋区域，系统自动检测定量浇灌播种穴盘，完成穴盘育苗播种从基质添加到浇水全过程的自动化生产作业。

全自动蔬菜育苗播种生产线的工艺流程如图3-12所示。

图3-12 全自动蔬菜育苗播种生产线的工艺流程

四、穴盘育苗播种机的使用

以盖板式穴盘育苗播种机为例，其使用操作方法如下：

（1）播种机位置应选择平整坚实的场地，安装平稳牢固，保证播种托盘呈水平放置。

（2）作业前检查安全装置、防护装置等是否牢固可靠；检查气泵、播种机运行状况是否良好，操作是否灵活。

（3）根据育苗使用穴盘的规格，选择合适的播种吸盘，安装调试好。

（4）根据播种种子的深度要求，调整播种深度。

（5）准备好育苗穴盘，然后将气泵开关打开，气压需要维持在0.6～0.8MPa。

（6）打开播种机气动阀进行播种，将播好的穴盘放到一旁待覆盖基质。

（7）播种过程中要时刻观察气针是否堵住，若堵住了必须及时疏通。

（8）若出现吸种多粒或不吸种子情况，可通过调节震动大小、托盘和针头距离、吸力大小进行调剂。

（9）作业完毕后，将播种机清理干净，关闭电源，恢复原状。

（10）定期清理播种机空气滤芯，定期维护和保养，确保机器正常运行。

五、穴盘育苗播种机的作业质量规范

育苗播种机的播种质量直接影响着蔬菜的产量，播种质量高、运行稳定的育苗播种机是现代设施农业发展的需要。

（1）播种合格率≥95％，即一穴一种子，漏播和重播率<5％。

（2）穴盘基质添加紧实不板结。

（3）压窝眼居中且深浅一致。

（4）覆盖基质均匀。

（5）吸针对种子的损伤<1％。

六、典型盘穴育苗播种机的主要技术参数

几种典型穴盘育苗播种机的外形与主要技术参数，见表3-2。

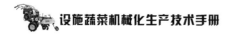

表 3-2　几种典型穴盘育苗播种机的外形与主要技术参数

典型机型	功能特点	技术参数
2YB-G1000H 滚筒式蔬菜播种机（杭州赛得林智能装备有限公司） 	蔬菜、花卉精量播种流水线，采用气吸式滚筒播种方式，从基质装盘、压穴、播种、覆土到喷淋，全机采用光机电体控制、无盘检测等创新技术，实现了蔬菜温室大棚播种育苗的自动化流水生产，精度高。	播种精度≥98%； 空穴率≤1%； 生产率≥500 盘/h； 排种器：自动气吸滚筒式； 铺土厚度：20～120mm； 覆土厚度：10～20mm； 外形尺寸（长×宽×高）：9 750mm×2 400mm×1 800mm
2YB-G500-2 小型播种机（杭州赛得林智能装备有限公司） 	适用于小型蔬菜、花卉等工厂化育苗基地，采用气吸滚筒式精量播种方式，可完成压穴、播种等功能。播种速度快、精度高，具有良好的产品性价比。适用于粒径 0.3～4mm 之间的种子，种子形状不限。	播种精度≥95%； 空穴率≤2%； 生产率≥200 盘/h； 排种器：气吸滚筒式； 适用育种盘：540mm×280mm； 外形尺寸（长×宽×高）：1 500mm×760mm×1 120mm
2YB-ZX20 针吸式播种机（杭州赛得林智能装备有限公司） 	采用全气动控制，适合小型育苗场播种需求；操作简单，性能稳定，最快播种速度每行 1.5s；配置多种压穴、播种针杆套件；结构简单，维修方便。	播种精度≥95%； 空穴率≤2%； 生产率≥250 盘/h； 排种器：气针吸式； 适用育种盘：540mm×280mm； 外形尺寸（长×宽×高）：970mm×793mm×1 165mm

第四节　蔬菜育苗机械化嫁接技术

一、蔬菜育苗嫁接方法

蔬菜嫁接育苗一般指瓜类作物的嫁接育苗和茄果类作物的嫁接育苗。其嫁接方法较多，按照接穗与砧木接合方式不同，可分为靠接法、插接法、劈接法、对接法和贴接法等几种。在实际生产中，具体采用哪种嫁接方法随砧木品种的不同而异。瓜类作物嫁接采用的砧木与接穗茎秆差异较大，砧木茎秆断面呈椭圆形，且中间有空腔。嫁接时，要求接穗不能进入砧木空腔，否则接穗会在空腔内产生自生根，导致嫁接失败。瓜类作物嫁接一般采用靠接法、贴接法和插接法。茄果类作物采用的砧木一般与接穗的茎径基本相同，茎秆断面都近似呈圆形，且为实心，嫁接容易成功。要求砧木和接穗切口创面紧密结合，容易成功。

1. 贴接法

贴接法嫁接示意如图 3-13 所示。贴接法要求砧木切除子叶节处真叶、一片子叶和生长点，形成椭圆形长 5～8mm 的切口。接穗在子叶下 8～10mm 处向下斜切一刀，切口为斜面，大小应和砧木斜面一致，然后将接穗切面与砧木切面贴合，用嫁接夹固定。这种方法嫁接速度快，成活率高，接口愈合好，接穗恢复生长快，对蔬菜品种适应广。

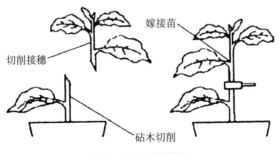

图 3-13　贴接法

采用贴接法要求砧木和接穗的胚轴径应尽量接近，以利于伤口愈合，因此砧木和接穗的育种时机和嫁接时机非常关键。一般砧木早播 3～7d，嫁接适期为砧木具有 1 片真叶，接穗子叶展开。

2. 劈接法

劈接法嫁接示意如图 3-14 所示。砧木长到 5～6 片真叶时，保留 2 片真叶，去除砧木的子叶及生长点，从两片子叶中间将幼茎向下劈开，长度为 1～1.5cm。将接穗幼茎削成楔形，削面长 1～1.5cm，接穗幼苗保留 2～3 片真叶，切除下部的根茎部，断面再削成楔形，斜面长度应和砧木切口相应。随即将接穗插进砧木的切口中，使砧木与接穗表面平整，一边对齐后，用嫁接夹或其他固定物固定砧木和接穗。嫁接适期为砧木有 4～6 片真叶时。劈接法的优点是愈合好、成活率高及其后生育良好，但砧木维管束一侧发育好，另一侧发育较差，容易裂开，嫁接工效不高。

图 3-14　劈接法

3. 针式嫁接法（针接法）

针式嫁接示意如图 3-15 所示。针式嫁接法是采用断面为六角形、长 1.5cm 的针，将接穗和砧木连接起来。嫁接针是由陶瓷或硬质塑料制成，在植物体内不影响植物的生长。该嫁接法的作业工具还包括两面刀片和插针器。针式嫁接法与插接、贴接、靠接和劈接等嫁接方法相比，具有技术环节简单、操作容易、嫁接速度快以及成活率高等特点。

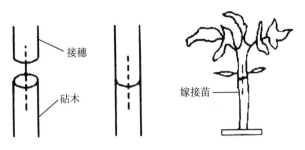

图 3 - 15　针式嫁接法

4. 靠接法

靠接法嫁接示意如图 3 - 16 所示,是在砧木和接穗的胚轴上对应切成舌形,将两切口相互插靠在一起,再用嫁接夹固定,待伤口愈合后去掉嫁接夹,断掉接穗的根。由于愈合期保留了接穗的根,因此,靠接法嫁接作物的成活率最高。但是,靠接法的作业步骤较为烦琐,要求嫁接人员具有较高的技术水平。

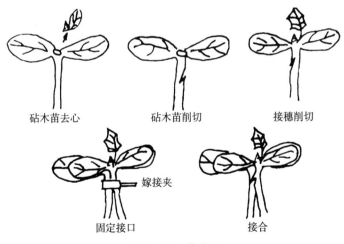

图 3 - 16　靠接法

5. 插接法

插接法嫁接示意如图 3 - 17 所示,先在砧木上用插孔签插孔,将接穗去根并切成楔形，再将接穗插入砧木中。插接法作业简单，应用面较为广泛。

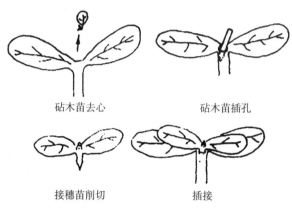

砧木苗去心   砧木苗插孔

接穗苗削切   插接

图 3 - 17   插接法

插接法的嫁接部位高，远离地面，防病效果好，但蔬菜采取断根嫁接，容易萎蔫，成活率不易保证，主要用于以防病为主要目的的蔬菜嫁接，如西瓜、甜瓜等。由于插接法插孔时，容易插破苗茎，因此苗茎细硬的蔬菜不适合采用插接法。

二、蔬菜育苗嫁接机的类型

育苗嫁接机械化技术是指以机械作业的方式完成蔬菜秧苗嫁接，按自动化程度，可分为全自动嫁接机、半自动嫁接机、手动嫁接机。全自动嫁接机是指嫁接过程全程自动化，包括供苗、切削、嫁接、排苗等过程。半自动嫁接机是指部分嫁接过程的自动化，主要是嫁接环节的自动化，供苗或其他过程还需要人工辅助进行。而手动嫁接机是指嫁接环节需要手动完成，而其他辅助过程部分采用机械完成，如切削等过程。按嫁接接合方法分，自动嫁接机可分为靠接法自动嫁接机、插接法自动嫁接机等。

半自动蔬菜育苗嫁接机的工作流程如下：

全自动蔬菜育苗嫁接机的工作流程如下:

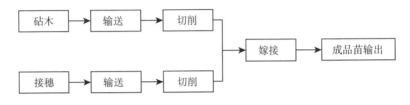

三、蔬菜育苗嫁接机的总体结构

嫁接机总体结构如图 3-18 所示,该机采用多工位流水线式作业实现上苗、切削、对接上夹、下苗等嫁接工序,主要由 1 个旋转盘和 4 个工位构成。砧木挟持搬运机构包括 8 个从动式砧木夹,位于可间歇旋转的旋转盘上,并随旋转盘逆时针运动,工位 1 为上苗工位,工位 2 为砧木切削机构,工位 3 为接穗挟持机构、接穗切削机构、上夹机构,工位 4 为下苗工位。

以其中一个砧木夹及砧木为对象介绍嫁接机的嫁接过程。

(1) 如图 3-19a 所示,砧木夹在工位 1 时打开,操作人员将砧木放入砧木夹的夹口中,夹口闭合后,旋转盘旋转 90°到工位 2。

(2) 如图 3-19b 所示,砧木到达工位 2,砧木切削机构自动完成切削,切削完成后切刀复位,旋转盘旋转 90°到工位 3。

(3) 如图 3-19c 所示,砧木到达工位 3,接穗与砧木对接,当接穗与砧木的切口贴合后上夹机构将已经完成切断处理的嫁接夹夹在接穗与砧木的创面使两者成为一个独立的植株,然后旋转盘旋转 90°到工位 4。

(4) 如图 3-19d 所示,嫁接苗到达工位 4,砧木夹打开,嫁接苗被自动卸下,完成嫁接作业的嫁接苗被运往愈合室。

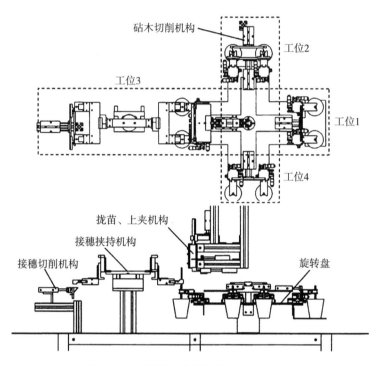

图 3-18　茄果类蔬菜嫁接机结构示意图

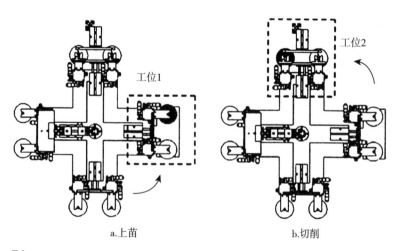

74

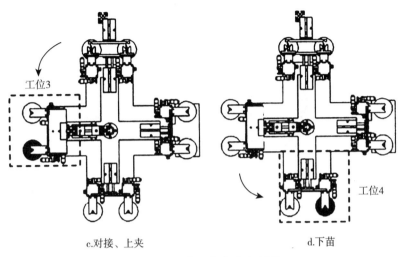

c.对接、上夹   d.下苗

图 3-19   各工位作业流程图

四、蔬菜育苗嫁接机的作业质量规范

（1）可用于瓜类（黄瓜、甜瓜、西瓜等）、茄果类（茄子、番茄、辣椒等）蔬菜苗的机械嫁接作业。

（2）嫁接生产率不应低于产品使用说明书的限值。

（3）切削时保证砧木和接穗的切削角度和切削长度一致，切削口平整、不毛糙，嫁接后切口贴合牢固。

（4）嫁接成功率≥90％。

（5）嫁接机使用有效度≥90％。

五、典型蔬菜育苗嫁接机的主要技术参数

典型蔬菜育苗嫁接机的外形与技术参数见表 3-3。

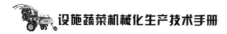

表 3 - 3   典型蔬菜育苗嫁接机的外形与技术参数

典型机型	功能特点	技术参数
2JC - 600B 瓜类自动嫁接机（广州实凯机电科技有限公司）	是针对瓜类果蔬嫁接的快速嫁接装置。该机采用斜插法进行嫁接作业，适用于西瓜、黄瓜、甜瓜的双断根栽培模式。工作时，由人工上砧木苗和接穗苗，嫁接机自动完成砧木打孔、接穗切削、砧木与接穗对接及嫁接苗自动下苗等作业。	生产率：600～700 株/h；嫁接成功率＞90%；重量：45kg；操作人数：2 人；外形尺寸（长×宽×高）：1 000mm×600mm×1 200mm
VG20 蔬菜嫁接播种机（杭州赛得林智能装备有限公司）	该蔬菜嫁接播种机设备主要适用于茄果类嫁接生产使用，本机由切削装置，送料装置、机械手夹装置等组成。	嫁接成功率＞92%；重量：215kg；操作人数：2 人；外形尺寸（长×宽×高）：720mm×500mm×215mm

第四章
设施蔬菜耕整地机械化技术

设施蔬菜机械化耕整地是指以满足蔬菜作物的播种、移栽生产需要，选用适宜的耕整地机械，按照设施蔬菜土壤耕整要求和作业规范，进行耕整地作业。

第一节 概 述

一、设施蔬菜耕整地的目的

机械化耕整地是种植生产的基础，目的是改良土壤物理状况，提高土壤孔隙度，加强土壤氧化作用，调节土壤中水、热、气、养的相互关系，并消灭杂草及土传病虫等，为蔬菜的种植和生长创造良好的土壤条件。通过合理耕整地，能够取得如下效果：

（1）使土壤疏松，孔隙度增加，减少地表径流，减少土壤水分蒸发，提高土壤的蓄水能力。

（2）能提高土壤的通气性能，利于蔬菜的根系呼吸和生长，并能加速有机质分解，提高固氮量。

（3）使土壤水分和空气有所增加，能改善土壤的温热条件。

（4）对于质地较黏重、潜在养分较多的土壤，能促进土壤风化和释放养分。

（5）使肥料在耕作层中均匀分布。翻土覆盖肥料，可以提高肥效。

（6）将杂草、蔬菜残茬覆盖于土中，有助于消灭杂草和害虫；将肥料、农药等混合在土壤中，有助于增加其效用。

二、设施蔬菜机械化耕整地作业工序

蔬菜耕整地作业环节，包括平整土地、耕作（犁耕、旋耕）、

整地（耙平、起垄、开沟）、铺膜等环节。其中，起垄、开沟（或作畦）是最主要的环节，其作业质量关系到后期蔬菜播种、移栽和田间管理等机械的作业质量。

蔬菜耕整地作业质量要求远比一般粮食作物要高，不仅要保持合理的耕层土壤结构，而且要垄平沟直，为后续直播、移栽、田间管理和收获的机械化作业做准备。耕整地的标准化、规范化是蔬菜生产全程机械化的基础。

我国蔬菜作物种类较多，农艺要求千差万别，导致蔬菜垄形结构多种多样。蔬菜生产的耕整地环节目前以精细化作业为主，对土壤的碎土率、耕深稳定性、垄体表面平整度和直线度等作业指标都提出了较高的要求。

设施蔬菜耕整地机械作业工艺主要有：

1）平地→撒基肥→犁耕→耕地→起垄→开沟（或作畦）→覆膜。

2）粗旋耕→精细旋耕→起垄→镇压。

3）深耕→旋耕→起垄。

4）旋耕→起垄→施肥→覆膜。

5）旋耕→起垄，联合作业。

6）旋耕→施肥→镇压→平整→起垄，联合作业。

三、设施蔬菜机械化耕整地的特点

随着我国设施蔬菜耕整地机械化的高速发展，呈现出以下几大特点。

（1）垄距规范化　我国设施蔬菜的作物种类越来越多，种植农艺要求复杂，蔬菜种植的垄形结构也有很大差别，为此垄距尺寸需要规范化、标准化，以利于与以后的直播、移栽、管理、收获等环节机具配套。目前，我国设施蔬菜的耕整地的垄距正逐步标准化和规范化。

（2）土壤深耕化　要求疏松土壤，打破犁底层，增加水的渗入速度和数量，蓄水保墒，使耕作效果更加适应农艺要求。

（3）耕作精细化　土壤要细碎，垄沟要齐直，垄形要平整，特别是机械移栽对耕整地的质量要求更高。

（4）作业复式化 农机具一次作业项目的多少，是衡量农业机械是否有效合理利用，效能是否得到最大限度发挥的重要标志。通常，蔬菜整地作业除了完成旋耕、起垄外，还有施肥、铺管、覆膜等要求，应通过合理组配，尽量提高机具复式作业性能。

（5）操作舒适化 配套动力驾驶方便舒适、转向轻便。同时动力增大，其配套机具范围广，为复式作业提供可能，而且作业效果好，生产效率高。

（6）作业自动化 采用北斗技术进行自动导航无人驾驶、耕深自动控制等。

第二节 平地机械化技术

新建的农场在蔬菜种植前，需要进行土地平整，以便于机械化种植和田间管理。土地平整过去一直采用常规方法，利用平地机和铲运机等机械进行作业，这只能达到粗平。为了进一步提高土地的平整精度，可以利用激光技术高精度平整农田。

日光温室和塑料大棚蔬菜生产由于单体种植面积小，相对较平整，一般不需要机械化平地，只有相对地块较大的露地蔬菜种植，由于多年雨水和漫灌冲刷，造成表层土壤的流失，形成地表不平，一般 3～5 年需要进行一次机械化平地作业，目前应用最多是激光平地技术。

一、激光平地机的结构原理

激光平地技术是目前世界上最先进的土地精细平整技术，它利用激光束平面取代常规机械平地人眼目视作为控制基准，通过伺服液压系统操纵平地铲运机具工作，完成土地平整作业。无论田面地形如何起伏，受控于激光发射和接收系统，控制器始终指挥液压升降系统将铲运刀口与激光控制平面间的距离保持恒定，平地精确度比常规平地作业精确度高 10～50 倍。

激光平地机主要由激光发射器、激光接收器、激光控制器、液压系统和平地铲组成，如图4-1所示。

图4-1　激光平地机的组成

（1）激光发射器　用于发射激光，形成激光平面，发射范围为直径800m左右。激光发射器具有自动安平功能，若在工作中受震动或碰撞发生偏离，可自动停止发射，报警并重新自动安平。激光发射器可以安装在地块中央，也可以安装在地块角落。

（2）激光接收器　用于接收激光信号、显示信号，并将信号传输给控制器。激光接收器安装在平地机具上，通过电缆与控制器连接，接收器接收信号的精度可以调节。

（3）激光控制器　用于处理激光接收器传输的信号，控制液压系统工作，从而使平地铲自动追踪激光平面进行作业。

（4）平地铲　是激光平地机的关键作业部件，平地铲的高低由控制系统自动调整，平地铲系统如图4-2所示。

图4-2　平地铲系统

激光平地机的工作原理是：激光发射器发出的旋转光束在作业地块上方形成一个平面，此平面就是平地机作业时的基准面。激光接收器安装在靠近平地铲铲刃的伸缩杆上，当接收器检测到激光信号后，不停地向控制器发送信号，控制器接收到高度变化的信号后，进行自动修正，修正后的信号控制液压控制阀，以改变液压油输向油缸的流向与流量，自动控制平地铲的高度，即可完成土地平整作业，如图 4-3 所示。

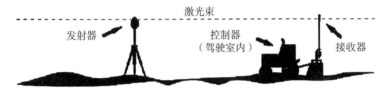

图 4-3 激光平地机工作原理

二、激光平地机的使用

在激光平地机作业前，应用旋耕机进行浅旋土壤，疏松表土，粉碎耕地里的剩余根茬，加快秸秆还田速度，起到促苗早发、提高保苗率、减少作业次数、提高工效等作用。

虽然激光平地机技术含量较高，但实际操作起来并不难，只需以下三步即可完成作业。

1. 建立激光平面

根据被平整的土地大小来确定激光发射器的架设位置，一般选择地势较高的位置架设激光发射器，以确保平地机工作时所有位置都能接收到激光信号。如果要平整地块的长、宽均超过 300m，激光发射器应架设在田块的中间，有利于平地基准的精确性；如果地块的长、宽小于 300m，应把激光发射器架设在田间的地头，便于平地作业。架设激光发射器时，应先把支撑三脚架打开，将激光发射器安装在三脚架上。将激光发射器旋转上升，高度为 50cm。再将三脚架的底部支架打开，使三脚架的总高度达到 3m，超过拖拉机驾驶室的高度，防止驾驶室阻挡激光信号，以确保激光接收器准确接收到来自发射器的光束。最后手动调节水平。

2. 测量场地

在激光发射器工作状态下，用手持便携式检测器和标高竹竿在所平地块内按网格状进行地形测量，网格间距一般 5～10m，也就是在网格线上每隔 5～10m 取一点进行测量。进行网格测量的目的是为了测量出田块中各个点的高度，也就是相对高程，将所测数据记录下来，从而得到田块内各测量点的相对高度，并做好标记，将所有各点的测量数据相加再除以测量点的数量，就得到了平均标高，找出与平均标高最接近的标记处作为基准点，这个基准点就是平地机刮土铲刀刃初始作业位置。在平地作业前对场地进行测量的好处是可以确保平地作业时挖填均衡，就地平整，可减少很多平地时的工作量。

3. 激光平地机的平地作业

平地作业前把平地铲移到基准点上，并把刮土铲刀刃降至与土壤接触。平地作业时平地铲就会以这个基准点的位置为参考来对土壤进行高推低填。接下来就要安装激光接收器，先将信号线与接收器连接好，然后将激光接收器的开关打开，安放在桅杆上，上下滑动，调整激光接收器在桅杆上的高度，使发射器发出的光束与接收器相吻合。此时，接收器中间一排灯亮时，说明接收器与发射器发出的激光束在同一水平线上，即为固定点。这时，将控制器开关设置在自动位置上，启动拖拉机，开始平地作业。平地铲会自动挖高填低，搬运土方，进行土地平整工作，逐渐将田地自动铲平。

激光平地机作业现场如图 4-4 所示。

三、激光平地机的作业质量规范

（1）激光调平技术在平地作业中可根据基准要求自动控制推土铲的高度。

（2）利用激光技术精密平地后，在 100m 范围内，误差小于 20mm，使播种深度均匀，出苗整齐。

图 4 - 4　激光平地机的作业现场

（3）土壤绝对含水量（质量分数）为 10%～20%，平地机作业后地表平整度标准差应不大于 2.5cm。

（4）平地机的纯工作小时生产率应达到使用说明书的规定值。

（5）平均故障间隔时间 MTBF 应不少于 100h。

（6）平地机的使用有效度应不小于 95%。

第三节　基肥撒施机械化技术

一、撒肥机的类型

撒肥机械化技术是一种通过机械设备把发酵后的厩肥（包括堆肥）进行抛撒还田的技术，主要适用于耕前撒施底肥，耕后播种。

按肥料种类的不同，撒肥机可分为化肥撒肥机、液氨使用机、厩肥撒布机等。

1. 化肥撒肥机

化肥撒肥机主要有离心圆盘式撒肥机、气力式撒肥机、摆管式撒肥机等。此外，还有缝隙式、栅板式、辊式、链指式及转盘式撒肥机。

（1）离心圆盘式撒肥机　主要工作部件是一个由拖拉机动力输出轴带动旋转的撒肥圆盘，盘上一般装有 2～6 个叶片。工作时，肥料箱中的肥料在振动板作用下流到快速旋转的撒肥盘上，利用离心力将化肥撒出。排肥量通过排肥口活门调节。单圆盘撒肥机肥料在圆盘上的抛出位置可以改变，以便在地边左、右单面撒肥，或在有侧向风时调节抛撒面。双圆盘式撒肥机两撒肥盘转向相反，能有选择地关闭左边或右边撒肥作业，以便单边撒肥。

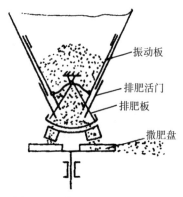

图 4-5　离心圆盘式撒肥机

离心圆盘式撒肥机的结构原理如图 4-5 所示。

（2）气力式撒肥机　气力式撒肥机的排肥器从肥料箱中定量排出肥料至气流输肥管中，由动力输出轴驱动风机产生的高速气流把肥料输送到分布头或凸轮分配器，肥料以很高的速度碰到反射盘上，以锥形覆盖面分布在地表。

气力式撒肥机的结构原理如图 4-6 所示。

（3）摆管式撒肥机　摆管式撒肥机的搅肥装置和排肥孔保证向撒肥管中均匀供肥。摆动撒肥管由动力输出轴传动的偏心轴使其作快速往复运动，进入撒肥管的肥料以接近正弦波的形状撒开。

摆管式撒肥机的结构原理如图 4-7 所示。

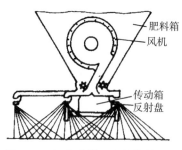

图 4-6　气力式撒肥机的结构原理

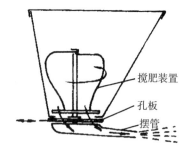

图 4-7　摆管式撒肥机的结构原理

2. 厩肥撒布机

厩肥撒布机用于撒施农家肥，主要有螺旋式厩肥撒布机、甩链式厩肥撒布机。

(1) 螺旋式厩肥撒布机 在车厢式肥料箱的底部装有输肥链，输肥链使整车厩肥缓慢向后移动，撒肥滚筒将肥料击碎并喂送给撒肥螺旋。击肥轮击碎表层厩肥，并将多余的厩肥抛向肥箱，使排施的厩肥层保持一定厚度。撒肥螺旋高速旋转将肥料向后和向左右两侧均匀地抛撒。

螺旋式厩肥撒布机的结构原理如图4-8所示。

(2) 甩链式厩肥撒布机 在圆筒形的肥料箱内有一根纵轴，轴上交错地固定着若干端部装有甩锤的甩锤链，动力输出轴驱动纵轴旋转，甩锤链破碎厩肥，并将其甩出。除撒布固态厩肥外，还能撒施粪浆。采用侧向撒肥方式可以将肥料撒到机组难以通过的地方，但侧向撒肥均匀度较差，近处撒得多，远处撒得少。

甩链式厩肥撒布机的结构原理如图4-9所示。

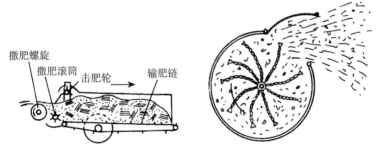

图4-8 螺旋式厩肥撒布机的结构原理 图4-9 甩链式厩肥撒布机结构原理

二、撒肥机的结构

以离心圆盘式撒肥机为例，介绍其结构与使用。

离心圆盘式撒肥机是国内外用得最普遍的一种撒肥机具，如图4-10所示。它是由动力输出轴带动旋转的撒肥盘，利用离心力将肥料撒出，工作效率高。该机分两种类型：一种没有配备输肥装置，一般适用于撒施流动性较好的有机商品肥料；另一种配备有输肥装置，对肥料适应性较强，适用于撒施各种有机肥。撒肥盘有单盘式和双盘式两种。撒肥盘上一般装有 2～6 个叶片，叶片的形状有直的，也有曲线形的，它们在转盘上的安装位置可以是径向的，也可以是相对于半径前倾或后倾的，前倾的叶片能将流动性好的肥料撒得更远，而后倾的叶片对于吸湿后的肥料则不易黏附。该机在单行作业时抛撒的有机肥沿横向和纵向的分布不均匀，需通过重复作业改善其抛撒的均匀性。

图 4-10　离心圆盘式撒肥机的撒肥作业

三、撒肥机的使用

以 SF-100 摆动式颗粒肥料撒肥机为例，介绍撒肥机的使用。

1. 撒肥机连接拖拉机时的顺序及注意事项

撒肥机的挂接顺序为左右挂臂、中间挂臂、传动轴（先与拖拉机挂接，调整好适合长短后切割）。

（1）拖拉机倒车对准左右提升杆至适当的位置，操作液压杆往下推。

（2）拖拉机左边提升杆与撒肥机左悬挂耳连接后插入销轴，最后插入防脱漏销轴。

（3）撒肥机右悬挂耳连接到拖拉机后，用右边提升杆的调节器进行高度调节，调节后给撒肥机右悬挂耳插入销轴，最后插入防脱漏销轴。

（4）扭转调节上拉杆长度。调节后拧紧上拉杆的防松螺母。

（5）安装万向传动轴。万向传动轴长度必须根据拖拉机的情况，切割成适宜长度，不可过长或过短。

（6）平衡调节两边提升链的长度，使左右下拉杆受力均匀。

（7）通过上拉杆调节摆动管顶端离地高度，60～70cm 为正常高度。

（8）安装完毕后，将三点悬挂慢慢提升，检查万向传动轴及机架是否在正常位置。

2. 撒肥机连接拖拉机时的注意事项

（1）安装工作要在关闭发动机后进行。

（2）撒肥机的安装工作应在平整地面上进行。

（3）确认农机具周围无人后再进行工作。

3. 工作前的检查及调节

（1）检查各螺母及插销等紧固件有无松动脱落，若有则重新拧紧。

（2）工作部件的调节方法：调节排料筒顶端离地高度为 60～70cm；排料筒的倾斜度在 ±3° 以内；传动轴角度为 ±15° 范围内。

（3）排肥口关闭控制装置调节方法：排料量控制刻度位于"关"时，排肥口处于全关闭状态；排料量控制刻度位于"开"时，排肥口处于全开状态。

（4）撒肥量的调节方法：撒肥量调节按照说明书进行。

4. 作业时注意事项

（1）当进入农田时必须低速慢行，拖拉机的速度控制在 6～7km/h，把撒肥机的位置调低，重心下调。

（2）非操作人员要远离拖拉机及撒肥机，避免导致意外伤害事故。

（3）遵守农机具要求的动力输出转数。拖拉机输出动力转数一定控制在小于 540r/min，否则容易损坏撒肥机。禁止使用高转速，按照指定的动力输出速度作业。

（4）多人作业时要互相关照，确认安全后开始作业；不可接触旋转部件和运动部件。

（5）暂停作业离开拖拉机时，关闭发动机，将撒肥机降到地面。

四、撒肥机的主要技术参数

以 SF - 100 摆动式颗粒肥料撒肥机为例，其主要技术参数如下：

配套动力：＞22.1kW；

链接方式：三点悬挂；

撒布方式：摆动方式撒肥；

动力输出轴转数：＜540r/min；

最大装载量：200kg；

适应肥料：大、小颗粒肥；

撒布宽度（大粒）：8～10m；

撒布宽度（小粒）：6～8m；

作业速度：4～8km/h；

作业小时生产率（大粒）：3.2～6.4hm²/h；

作业小时生产率（小粒）：2.4～4.8hm²/h；

机械尺寸：1 190mm×1 156mm×1 000mm；

重量：120kg。

五、撒肥机的作业质量规范

撒肥机的作业质量规范应符合表 4 - 1 的指标要求。

表 4 - 1　撒肥机的作业质量规范

项　目	作业质量指标
纯工作小时生产率（hm²/h）	不低于企业限值的下限
施肥量（kg/m²）	不低于企业限值的下线
抛撒宽度（m）	不低于企业限值的下限
施肥均匀性变异系数（%）	≤30
使用有效度（%）	≥98

第四节 微型耕整机作业技术

蔬菜起垄前一般要进行深耕整地处理，保证土壤耕层深厚。一般采用犁进行耕翻，将地面上的作物残茬、秸秆落叶及一些杂草和施用的有机肥料一起翻埋到耕层内与土壤混拌，经过微生物的分解形成腐殖质，改善土壤物理及生物特性等。

在日光温室、大棚广泛采用微型耕整机进行耕整地作业。

一、微型耕整机的类型

功率小于或等于 7.5kW，仅用于水、旱田犁耕和整地作业的单轮或双轮驱动的机械，称为耕整机。微型耕整机是我国日光温室、大棚蔬菜种植地区普遍使用的一种小型耕整地作业机械。

具有结构简单，操作方便，价格低廉，适应性强等特点。工作部件有犁、耙等，可进行旱地的全过程耕整地作业。

1. 按照驱动轮的数量不同划分

可分为单轮（独轮）、双轮微型耕整机。

2. 按照适用范围不同划分

可分为水田型、旱地型和兼用型微型耕整机。

3. 按照操作方式不同划分

可分为步行式、乘坐式微型耕整机。

二、微型耕整机的结构

耕整机的工作部件有犁、耙、蒲磙等，不同的工作部件组成不同的作业机组，完成不同的作业。耕整机的主体结构一般由发动机、底盘、农具等组成。

1. 单轮乘坐式耕整机

一般由发动机、机架、传动箱、犁体、平衡拖板、支撑拖板、扶手架等组成（图 4-11）。

2. 双轮步行式耕整机

双轮步行式耕整机一般由发动机、机架、传动箱、犁体、扶手架、操纵机构等组成（图 4 - 12）。结构形式与一般的小型手扶拖拉机水田作业时的犁耕机组相同。

图 4 - 11　单轮乘坐式耕整机　　　图 4 - 12　双轮步行式耕整机

三、微型耕整机的使用

1. 耕地方法

微型耕整机在温室中进行耕整地通常采用梭形耕法、套耕法、回耕法、交替耕法等方法，如图 4 - 13 所示。

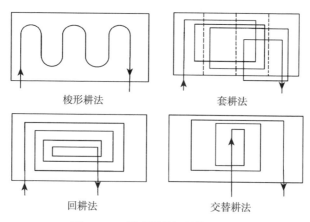

图 4 - 13　微型耕整机的耕地方法

（1）梭形耕法　由地块的一侧进入，一行紧接一行，往返耕作，最后耕地头。

（2）套耕法　把地块按同一宽度划成4个小区，先在第一、第三小区交替耕作完成后，再转移到第二、第四小区交替耕作。

（3）回耕法　从地块的一侧进入，由四周耕向中心。

（4）交替耕法　从地块中心进入，由中心向两侧交替耕作。

2. 作业准备

（1）作业机具应顺畅进出作业的温室大棚，在温室大棚内应有较好的通过性。

（2）彻底清理棚内的残株杂物、障碍物，尤其是地表以下隐藏的障碍物，对于隐藏又不能清除的障碍物必须做好明显标记。

（3）地面平整，土壤中不应含有石块等易损坏刀具的杂物。

（4）棚边缘的农膜应当卷起1m以上。

3. 微型耕整机的检查与调整

（1）按照农艺要求，选择配套农具并按《使用说明书》进行正确安装。

（2）按照发动机《使用说明书》要求，在发动机熄火的情况下，加注规定的燃油，更换或补充规定牌号机油，各润滑部位加注润滑油。

（3）检查配套机具连接，各紧固件螺栓螺母拧紧；各调节机件和转动部分灵活可靠，防护罩紧固可靠。

（4）在发动机熄火的情况下检查刀片的磨损与牢固情况，有磨损需及时更换。

（5）在耕整地作业前，必须按要求提前对机具进行检查调整，包括：离合器、转向把手及耕作宽度、深度调整。各部位具体调整方法参照机具《使用说明书》。

（6）检查调整后要进行空运转或试作业，注意观察机器及各部件工作是否正常，如有异常，及时调整，确认运转正常后，方可投入正常作业。

（7）严禁在冷车启动后，立即进行大负荷作业。

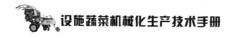

4. 微型耕整机耕地方法的选择

棚体宽度 4m 以下宜采取梭形耕法，空行少，时间利用率较高，不易漏耕；棚体宽度 4～6m、长方形大地块宜采取回耕法或交替耕法，操作方便，转弯小，工作效率高；棚体宽度 6m 以上、大地块宜采取套耕法，减少地头空行时间。

5. 微型耕整机的耕地作业

（1）发动机的启动：按《使用说明书》规定的步骤启动发动机。

（2）起步作业：先将离合器手柄放于［离］的位置，用变速操纵杆选择合适的前进挡位置，再将离合器的手柄缓缓放到［合］的位置，小油门慢慢起步，然后逐渐加大油门，使机具前进作业。

（3）转弯与变速：转弯时应减小油门，推动手把转弯或分离左右半轴离合器转弯，需变挡作业时，先将发动机油门关至最小，离合器手柄放在［离］的位置，待换到需要的挡位，再将离合器手柄缓缓放到［合］的位置，逐渐加大油门，进行作业。

（4）停机：分离离合器，油门关至最小，把变速杆放在空挡位置，关闭发动机。

（5）工作中如发现发动机或机具有异常，应立刻停车检查，排除故障后方可继续。

（6）作业中，机具离温室、大棚两边和两端的距离不得小于 15cm。

（7）前方有障碍物或到棚边不得猛提把手，应先减小油门，确定好安全行驶线路，再慢慢地提起把手，进行转弯或躲避障碍物。

（8）耕作后对机具没有耕到的地方进行人工修补。

6. 微型耕整机的作业注意事项

（1）温室大棚注意通风，尽量把门打开，棚膜掀起，使废气及时排出，避免对操作者造成伤害。在密封的棚内应采取间断性作业。

（2）照明条件不良时，应停止作业。

（3）机器运转时，任何人都不准靠近机器运转部和皮带处，以免发生危险。

（4）作业完毕后要及时清洁机具，按要求对主机和配套机具进行维护保养，入库保存。

四、微型耕整机的作业质量规范

微型耕整机的作业质量规范应符合《耕整机质量评价技术规范》（NY/T 1228—2006）的要求，其作业质量规范如下：

（1）平均耕深为设计值±1cm；平均耕宽为设计值±5cm。

（2）作业后，重耕率应小于5%，漏耕率应小于1%。

（3）作业时，要求地表平整度小于5cm，碎土率大于85%，土壤中直径4cm以上的土块数量应少于2%。

（4）耕深变异系数≤15%。

（5）作业效率≥设计值。

五、典型微型耕整机的技术参数

典型微型耕整机的主要技术参数见表4-2。

表4-2 微型耕整机的主要技术参数

型号	IZD-23	IZ-23	IZS-20	IZB-20
发动机型号	165F、170F 柴油机	R175、R180 柴油机	165F 柴油机	165F 柴油机
配套动力（kW）	2.21/2.94	3.70~5.67	2.21	2.60
犁耕耕幅（cm）	21	23	20	20
犁耕深度（cm）	7~17	10~12	8~12	10~12
生产率（hm²/h）	0.053~0.080	0.033~0.40	0.033~0.040	≥0.053

第五节 旋耕地机械化技术

菜地起垄前，为提高垄形的作业质量，一般先进行表面僵硬土层的旋耕破碎作业，为起垄作业降低工作阻力和提高作业质量做准备。表土浅耕作业通常采用微耕机或旋耕机进行。

一、旋耕机的类型

旋耕机是一种由拖拉机动力强制驱动旋耕刀辊完成土壤耕、耙作业的机具。其切土、碎土能力强，能切碎秸秆并使土肥混合均匀。一次作业能达到犁、耙几次的效果，耕后地表平整、松软，能满足精耕细作的要求。适合于设施蔬菜的浅耕（切土深度10～20cm）作业。

旋耕机按照工作部件旋耕刀辊的方向分为卧式旋耕机和立式旋耕机两大类，常用的为卧式旋耕机。

1. 与轮式拖拉机配套的旋耕机（图4-14）

（1）**按与拖拉机连接方式分** 可分为：悬挂式、半悬挂式、直联式。

（2）**按结构型式分** 可分为圆梁型和框架型，圆梁型又可分为轻小型、基本型和加强型。框架型可分为单轴型和双轴型。

（3）**按最终传动型式分** 可分为中间传动型、侧边传动型。

图4-14 与轮式拖拉机配套的旋耕机

2. 与手扶拖拉机配套的旋耕机（图4-15）

按最终传动型式可分为：中间传动、侧边传动，通常卧式旋耕机刀辊的旋向同拖拉机前进时驱动轮的旋向一致，称为正转。普通卧式旋耕机大多为正转旋耕机。

另一种用于秸秆、绿肥埋茬还田作业的卧式旋耕机，其刀辊的旋向同拖拉机前进时驱动轮的旋向相反，称为反转旋耕机。

图 4 - 15　与手扶拖拉机配套的旋耕机

二、旋耕机的结构原理

旋耕机主要由机架、传动装置、刀辊、挡土罩及平土拖板组成（图 4 - 16）。

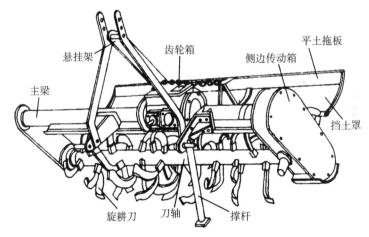

图 4 - 16　旋耕机的结构

旋耕机工作时，一面在拖拉机的牵引下前进，同时拖拉机输出的动力经传动装置驱动刀辊旋转，旋耕刀在前进和旋转过程中不断切削土壤，并将切下的土块向后抛掷与挡土罩相撞击，使土块进一步破碎后落到地面，再利用平土拖板将地面刮平，以达到碎土充分，地表平整（图 4 - 17）。

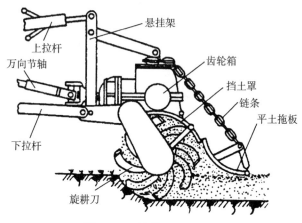

图 4 - 17　旋耕机工作过程

三、旋耕机的使用

1. 旋耕机与拖拉机的挂接

除手扶拖拉机配套旋耕机直接连接外，大多数旋耕机与拖拉机的连接方式为三点悬挂。机具是通过拖拉机的液压悬挂机构挂接在拖拉机后面，拖拉机输出轴通过万向节传动轴与旋耕机的输入轴相连，旋耕机的升降由拖拉机液压系统控制。

（1）与轮式拖拉机配套挂接　与轮式拖拉机配套的三点悬挂式旋耕机挂接时，应先切断动力输出轴动力，取下拖拉机动力输出轴罩盖，倒车把机具上下悬挂臂与拖拉机上下拉杆连接并用专用销锁定，然后将带有方轴的万向节装入旋耕机传动轴上，提起旋耕机，用手转动刀轴看其运转是否灵活，再将带方轴套的万向节套入方轴内，并缩至最小尺寸，以手托住万向节套入拖拉机动力输出轴固定。万向节装好后，应将安全插销对准花键轴上的凹槽插入，再用开口销锁定。

万向节传动轴的两端连接应保证：两端对应的夹叉平面平行，

如图 4-18 所示。

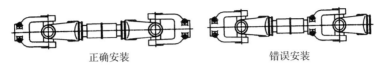

正确安装　　　　　　　　　错误安装

图 4-18　万向节传动轴的安装

（2）与手扶拖拉机配套挂接　与手扶拖拉机配套的旋耕机挂接时，应将拖拉机前倾，拆下牵引框，用 5 个双头螺栓将旋耕机固定在变速箱上。注意两接合面上的 2 个定位销应对正，以保证装配后的齿轮正确啮合。安装时若旋耕机内的齿轮与变速箱内的齿轮相顶，不可硬压硬敲，应盘动下皮带轮，使变速箱内齿轮转动一个角度再安装。另外，应保证与变速箱连接处的纸垫厚度为 (0.5 ± 0.05) mm，过厚或过薄都会影响齿轮的啮合间隙。在拆下旋耕机时，要用护罩将变速箱接合面盖好，以防杂物落入箱内。

2. 旋耕机作业机组的调整

（1）耕深调整　手扶拖拉机配套旋耕机的耕深调整，用尾轮和滑橇（水耕时用）控制；轮式拖拉机配套旋耕机的耕深调整，利用液压升降装置来控制；设有限深轮的旋耕机（拖拉机的液压悬挂系统只完成升降动作），由限深轮调节耕深。为减轻机重，一些旋耕机没有限深装置，耕深调节由拖拉机液压悬挂系统的操纵手柄控制。当旋耕机与具有力、位调节液压系统的拖拉机配套时，禁用力调节，应把力调节手柄置于提升位置，由位调节手柄进行耕深调节。

（2）碎土性能调整　旋耕机的碎土性能与拖拉机的前进速度和刀轴的转速有关。当拖拉机的前进速度一定时，刀轴转速越快，土块越细碎；刀轴转速慢，则土块粗大。刀轴转速一定时，拖拉机前进速度慢，土块细碎；拖拉机前进速度快，则土块粗大。此外，大型旋耕机挡土罩后面的拖板是可调节的，调节拖板位置高低，也能影响碎土和平土的效果。使用时可根据需要将其固定在某一位置上。

（3）左右水平调整　拖拉机停放在平地上，将旋耕机降下使刀尖接近地表，视其左右刀尖离地高度是否一致，若不一致，调节拖拉机右下拉杆高低，使旋耕机处于水平状态，以保证左右耕深一致。另外，左右耕深不一致，也是造成旋耕机工作中产生偏悬挂的原因之一。

对于侧边传动旋耕机，通常由于左右重量不一致，作业时往往出现左右耕深不均匀，在耕前调整时适当将侧边箱体一侧稍稍调得高一些，有利于保证旋耕机左右耕深均匀。调整以试耕结果为准。

（4）万向节前后夹角的调整　将旋耕机降到要求耕深时，视其万向节传动轴总成前后夹角是否水平、夹角是否最小、前后夹角是否相等，可用调节上拉杆长度的方法，保持万向节前后夹角最小，使之处于最佳的工作状态。

（5）提升高度调整　由于万向节不宜在夹角较大的情况下长期工作，所以提升高度不宜过大，一般在田间地头转弯提升时，只需使刀尖离地 20cm 左右即可，可以不切断动力输出转弯空行，如遇过沟、田块或在道路上运输时需切断动力输出，提升到较高位置。在田间工作时要求做提升最高位置的限制，在位调节扇形板上适当位置固定限位螺钉，使位调节手柄在提升时每次都处于同一位置，达到相同的提升高度。手扶拖拉机配套旋耕机运输状态，将尾轮调整到最低置，使旋耕刀升到运输位置。

3. 旋耕机的安全操作要点

（1）与具有力调节、位调节液压悬挂机构的拖拉机配套时　旋耕机与具有力调节、位调节液压悬挂机构的拖拉机配套时，悬挂机构的使用方法及安全操作规程如下：

①拖拉机挂接旋耕机工作时，禁止使用力调节，以免损坏旋耕机。

②工作时，使用位调节，必须将力调节手柄固定在"提升"位置。

③欲使旋耕机下降，可将位调节手柄向前下方移动，反之可使旋耕机上升。

④当旋耕机达到所需耕深后，用定位手轮将位调节手柄挡住，以利旋耕机每次都下降到相同深度。

（2）与具有分置式液压悬挂机构的拖拉机配套时 旋耕机与具有分置式液压悬挂机构的拖拉机配套时，悬挂机构的使用方法和安全操作规程如下：

①下降旋耕机时，手柄应迅速扳到"浮动"位置，不要在"压降"位置停留，以免损坏旋耕机。工作时分配器手柄于"浮动"位置。

②旋耕机入土到适当深度后，将油缸活塞杆上的定位卡箍调整在一定位置上固定下来。

③提升旋耕机时，手柄应迅速扳到"提升"位置，当旋耕机升到预定高度后，再将手柄扳至"中立"位置。

带限深轮和限深滑板的旋耕机，调整耕深时，要同时调整限深装置的位置。手扶拖拉机配套旋耕机耕深由尾轮高低调整。升高尾轮，旋耕机耕深可变大，反之，则变浅。耕深由人工控制手柄高低调整。

（3）前进速度选择的原则 在满足碎土要求和沟底平整的前提下，既要保证耕作质量，又要充分发挥拖拉机的功率，从而达到高效、优质、低耗的目的。

一般情况下，旋耕时前进速度为2～3km/h，耕后耙地前进速度可选高些。旋耕机作业机组转弯时，必须把旋耕机提起。禁止在耕作中转弯，否则将导致刀片变形、断裂，甚至损坏旋耕机或拖拉机。旋耕机使用前必须观看机具上张贴的安全警示标志，如图4-19所示。

四、旋耕机的作业质量规范

旋耕作业性能指标主要包括耕深、耕深稳定性、耕后地表平整度、植被覆盖率、碎土率、功率消耗、纯工作小时生产率等，国家标准《旋耕机》（GB/T 5668—2017）规定了旋耕作业性能指标，见表4-3。

万向节传动轴转动或作业时,人与机器保持安全距离。

抛出或飞出物体冲出整个身体。与机器保持安全距离。

机器运转时,不得打开或拆下安全防护罩。

 注 意

使用前请详细阅读使用说明书。操作时遵循使用说明和安全规则。

1. 使用前请详细阅读使用说明书。
2. 使用前,必须检查旋耕刀的紧固状况,加注润滑油。
3. 保养时,切断动力,并可靠支承机器。

1. 机器运转时,请勿靠近!
2. 机器作业时,防护板应拖地!

图 4-19 旋耕机安全警示标志

表 4-3 旋耕作业性能指标及合格标准

性能指标	合格标准	
耕深 (cm)	旱耕≥8;水耕≥10	
耕深稳定性 (%)	≥85	
耕后地表平整度 (cm)	≤5	
植被覆盖率 (%)	≥60	
碎土率 (%)	≥60	
功率消耗 (kW)	≤85%配套拖拉机的标定功率	
纯工作小时生产率	配套动力<18kW	≥0.12
[hm²/(h·m)]	配套动力≥18kW	≥0.19

第六节 起垄机械化技术

菜地经过清茬、施肥、耕翻、耙地之后，还要整地起垄，其目的主要是便于灌溉、排水及移栽及管理。起垄的垄形规格视当地气候条件（雨量）、土壤条件（类型）、地下水位的高低及蔬菜品种而异。

一、起垄机的类型

1. 按配套动力分

可分为小型起垄机和大中型起垄机。小型起垄机使用在设施大棚和小地块进行蔬菜精整地复式作业。一般用 22.1～29.4kW 拖拉机作为配套动力，垄宽一般 700～800mm，垄高 150mm。

（1）小型起垄机 一般采用微耕机作为配套动力，其刀轴的两侧采用起垄圆盘曲面刀，同时在圆盘曲面刀之间增加旋耕培土刀，两者按螺旋方式排列搭配组装，而后采用梯形刮板或弧形刮板对刀轴旋后的土垄进行起垄成型作业。该结构较为紧凑轻盈，方便设施棚室进出，易操作性强，特别适合日光温室和塑料大棚等作业空间有限的作业环境，但操作人员的劳动强度较大。小型起垄机的外形如图 4-20 所示。

图 4-20 小型起垄机

（2）大中型起垄机 大中型起垄机通常与大中马力拖拉机配套，可分为单刀轴式和双刀轴式两种。

①单刀轴式大中型起垄机。单刀轴式大中型起垄机采用地表土壤堆积培埂后作畦的原理，一般先通过旋转刀轴翻耕土壤，将土壤进行破碎并松散凸起于地表，形成足够的堆土量用起垄板培埂，然后用压整盖板压整，实现垄形（或畦面）成型。由于采用单次土壤破碎，配套拖拉机动力需求相对小，适合沙性土壤环境作业。单刀轴式大中型起垄机外形如图 4-21 所示。

图 4-21 单刀轴式大中型起垄机

②双刀轴式大中型起垄机。双刀轴式大中型起垄机是在单轴轻简型的基础上，在旋耕轴的后方增加碎土刀轴，二次精细破碎表层土壤，形成上细下粗的分层结构，一般在其后方设置镇压辊压整垄表面，使得整理的垄（或畦）质量更佳，特别适合黏性土壤作业。双刀轴式大中型起垄机外形如图 4-22 所示。

图 4-22 双刀轴式大中型起垄机

2. 按垄形成型原理分

可分为作垄机和开沟起垄机两类。开沟起垄机是利用双圆盘开沟清土原理，在垄间开沟，开沟后的泥土往中间集中，而后利用刀轴后侧装有的仿垄成型板，把不平整的垄面整理成型，尤其适合高垄种植场合。开沟起垄机的外形如图4-23所示。

图4-23 开沟起垄机

二、起垄机的使用

作业时土壤绝对含水率为15％～25％时才能正常工作。超出适宜范围，有可能导致作业性能下降，机器使用寿命缩短。

①驾驶员应穿戴适当的帽子及工作服，并注意衣服、头发、毛巾等不能卷入机器内。

②启动前认真检查机械各部位以及安全装置是否符合安全规定；启动发动机时，应先使离合器处于分离状态，并把变速杆放在空挡位置。

③倒车时，操作者身后必须保持足够的后退空间，并严禁用大油门倒车。

④检修调整及排除卷草时，应先停止发动机，然后进行处理。

⑤每次完成作业后，应检修保养机件，以便下次作业顺利进行。

三、起垄机的作业质量规范

要求垄形完整，垄面平整略有压实，为蔬菜栽植或播种创造优良的苗床和种床，有利于秧苗成活和种子发芽生长。作业质量要求垄形一致性≥95％，垄距合格率≥80％。成垄的形状和截面符合设计要求，起垄作业质量应符合表4-4的指标要求。

表4-4 起垄作业质量指标

序号	项 目	指标要求			
1	垄距（cm）	90	120	150	180
2	垄顶宽（cm）	35～70	70～100	100～130	130～160
3	垄高（cm）	符合农艺要求			
4	沟底宽（cm）	20～40			
5	垄高合格率（％）	≥80			
6	垄顶宽合格率（％）	≥80			
7	垄距合格率（％）	≥80			
8	起垄碎土率（％）	≥85			
9	垄顶面平整度（cm）	≤2			
10	沟底面平整度（cm）	≤5			
11	垄体直线度（cm）	≤10			

注：本表中对起垄作业质量指标的要求也适用于作畦，相互等同的名称见图4-24。

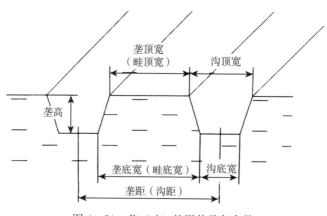

图4-24 垄（畦）的形状及各参数

第七节　复合耕整作业机械化技术

设施蔬菜种植由于受棚室结构限制，作业环节多，为了减少土壤压实，减少作业环节，可将耕地、整地、起垄、铺膜等作业进行复合，从而便产生了复合耕地作业机具。

一、旋耕起垄一体机

1. 功能特点

旋耕起垄一体机是利用旋耕刀轴和齿耙（钉齿）轴（辊筒）对土地进行旋耕碎土、细土、推压整平作业，使垄面形成50~80mm的碎（细）土层，并通过成型板对垄面进行镇压成型，达到了蔬菜、瓜果秧苗移栽或播种对土地耕整的特殊要求。

2. 典型机型技术参数

以1GZV800型旋耕起垄一体机为例（图4-25），其技术参数为：

图4-25　1GZV800型旋耕起垄一体机

配套拖拉机：22~29kW（30~40马力）大棚拖拉机；

旋耕幅宽：1m；

旋耕深度：150～200mm；

起垄高度：150～200mm；

垄顶宽度：750～950mm；

垄距：1.25～1.50m；

起垄数：1垄；

生产率：0.13hm²/h。

二、旋耕起垄施肥一体机

1. 功能特点

旋耕起垄施肥一体机是在旋耕起垄机的基础上，增加施肥装置，肥料在料筒内受拨肥轮作用进入导肥管，再通过导肥管排入开沟器开出的沟内，排肥量可调整，解决了施肥机单一施肥、起垄机专门起垄的重复作业问题，使作业效率大大提高。

旋耕起垄施肥一体机一般还具有铺膜功能。

2. 典型机型技术参数

几种典型旋耕起垄施肥一体机的外形如图4-26所示，其主要技术参数见表4-5。

图4-26　旋耕起垄施肥一体机

表4-5　几种典型旋耕起垄施肥一体机的主要技术参数

型号	配套动力 （kW）	耕幅 （cm）	起垄高度 （cm）	垄顶宽 （cm）	起垄 数量	垄距 （cm）	工作效率 （hm²/h）
1GVF-120	29.4～40.5 （40～55）	120	15～20	70～90	1	≥120	0.20～0.33

（续）

型号	配套动力 (kW)	耕幅 (cm)	起垄高度 (cm)	垄顶宽 (cm)	起垄数量	垄距 (cm)	工作效率 (hm²/h)
1GVF - 140	36.8～47.8 (50～65)	140	15～20	90～110	1	≥140	0.27～0.40
1GVF - 160	44.1～55.2 (60～75)	160	15～20	110～130	1	≥160	0.33～0.47
1GVF - 180	66.2～88.3 (90～120)	180	15～20	40～50	2	≥80	0.40～0.53
1GVF - 200	≥88.3 (≥120)	200	15～20	60～80	2	≥100	0.47～0.60
1GVF - 220	≥88.3 (≥120)	220	15～20	70～90	2	≥110	0.53～0.67
1GVF - 240	≥88.3 (≥120)	240	15～20	80～100	2	≥120	0.60～0.73

注：配套动力括号中的数字单位为马力。

第五章

设施蔬菜移栽机械化技术

第一节　概　　述

一、蔬菜移栽的优点与缺点

移栽，又称为定植、移植，是指将苗床或穴盘中的蔬菜秧苗移栽到大田的作业。

1. 蔬菜移栽的优点

我国 60% 以上的蔬菜品种采用育苗移栽技术，蔬菜育苗移栽作为一种常见的蔬菜栽培技术，比蔬菜种子直接播入大田优势显著。

（1）有利于早播、早熟、早收、早上市　蔬菜一般喜温不耐寒，怕霜冻和低温。育苗移栽能有效地避开蔬菜受低温、霜冻等极端天气的影响，提高幼苗的成活率，保证单位蔬菜株数达到农艺要求，并能延长蔬菜的生育期，有效地提高蔬菜的单产和品质，具有显著的节本增效、增产增收的效果，提高了蔬菜的综合效益。以辣椒为例，它的种子发芽和幼苗生长适宜温度为 10～30℃，温度低于 10℃，种子不能发芽，幼苗不能生长，如遇霜冻，幼苗会被冻死，故有些地区春播蔬菜要等到断霜之后才能播种。如果利用温室大棚等防寒保温设施进行温床育苗，则可提前30d 左右播种，提早 20～30d 采收上市，而且播种早，相应地延长了辣椒生长期，因而大幅度提高了单位面积的蔬菜产量，经济效益显著。

（2）提高蔬菜的复种指数和土地的利用率　由于受季节的影响，导致蔬菜不能连作接茬，如果采用蔬菜育苗移栽，便可缓和季

节矛盾，相应提高蔬菜的复种指数，从而提高土地的利用率。

（3）便于管理　育秧苗床面积小，便于保温、抗旱、除草、施肥和防治病虫害等集中管理，节约工时，利于培育壮苗。

（4）节约用种　育苗移栽能省种 30%～50%，降低成本，尤其大面积种植时，经济效益显著。

2. 蔬菜移栽的缺点

①育苗移栽环节多，投入大，劳动强度大。

②育苗移栽时伤根较多，要经过一个缓苗期，延长了生长期。

③与直播相比，病害较重。

二、蔬菜机械化移栽的优势

1. 提高了作业效率

我国的蔬菜生产从种到收以人工作业为主，机械化程度低，严重影响了蔬菜种植户的积极性。人工移栽，每人每天不到 $0.067hm^2$，采用移栽机械 3～5 人每天能移栽 $2hm^2$，大幅度降低了劳动强度，成活率高达 99% 以上。可见，使用机械移栽可节省劳动力，减少人工费用，种植质量大幅提升，经济效益明显。

2. 提高了蔬菜移栽质量

随着生活水平的提高，人们对蔬菜质量和品质的要求也在不断提高。传统的人工移栽技术在生产效率和质量保证上，已难以满足市场需求。人工移栽的蔬菜通常是采用人工育苗、选苗再进行移栽，在拔苗带土移栽的过程中，将会影响到蔬菜的根系，影响其后期生长发育，降低了抗病虫能力，影响蔬菜品质。试验结果表明，使用机械移栽可确保蔬菜的株距、行距、深度一致，提高了移栽作业质量，降低了生产成本，提高了作物生长的抗病虫能力，提高了经济效益。

三、蔬菜移栽的机械设备

1. 蔬菜育苗移栽的主要流程

蔬菜育苗移栽的主要流程如下：

2. 蔬菜移栽的主要机械设备

（1）秧苗运输机械　秧苗运输的机械装备为运输轨道车、农田运输车、拖拉机等。

（2）蔬菜移栽机　蔬菜移栽过程中，主要机械装备是蔬菜移栽机，可分多种类型。

①按照取苗、投苗的自动化程度，可分为半自动和全自动两大类。

②按栽植器型式，可分为钳夹式、导苗管式、挠性圆盘式和吊杯（鸭嘴）式等。

③按栽植行数，可分为单行、双行、三行、多行等。

④按挂接方式，可分为牵引式、悬挂式、自走式。

⑤按动力类型，可分为燃油、电动两类。

⑥按作业功能，可分为单一功能的移栽作业机和覆膜、移栽、覆土等多功能组合的复式作业机。

吊杯式移栽机是半自动移栽机里面应用最广泛的机型之一，对秧苗适应范围广。移栽过程中吊杯仅对秧苗起承载作用，不施加夹紧力，秧苗没有损伤，尤其适合根系不发达且易碎的钵苗移栽；栽植器可入土开穴，适合膜上打孔移栽，移栽过程中栽植器具有稳苗扶持作用，秧苗栽后直立度较高。

栽植链钳夹式与圆盘钳夹式主要区别在于采用链条代替栽植圆盘，增加了人工喂苗区域内秧夹的数量，延缓了漏苗补救时间，可以有效降低漏栽率。

⑦按蔬菜的品种进行划分，由于蔬菜类型众多，这样划分蔬菜移栽机的类型也就很多。通常一种移栽机可适用多个品种蔬菜育苗的移栽。

蔬菜移栽机的类型如图 5-1 所示。

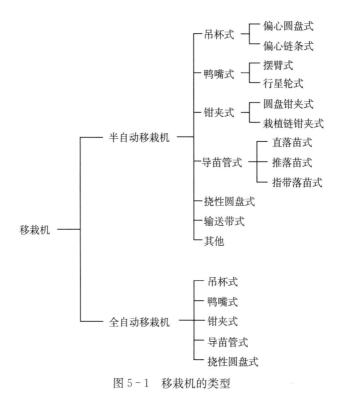

图 5-1　移栽机的类型

第二节　钳夹式蔬菜移栽机

一、钳夹式蔬菜移栽机的结构原理

1. 结构

钳夹式半自动移栽机又分为圆盘钳夹式和栽植链钳夹式，其工作过程和性能相似，主要工作部件有开沟器、栽植圆盘（或环形栽植链）、传动机构、覆土镇压轮等，其结构如图 5-2 所示。幼苗钳夹安装在栽植圆盘或环形栽植链条上，工作时，由操作人员将幼苗逐棵放置在钳夹中，幼苗被夹持并随圆盘或链条转动，当幼苗到达与地面垂直位置时，钳夹打开，幼苗落入苗沟内，随后幼苗在回流土和镇压轮的作用下定植，完成移栽过程。

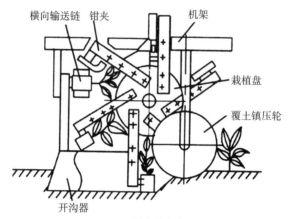

圆盘钳夹式

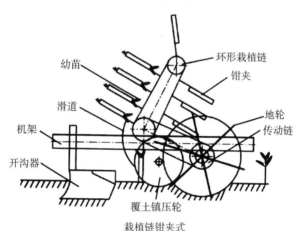

栽植链钳夹式

图5-2 钳夹式栽植器

栽植链钳夹式与圆盘钳夹式主要区别在于采用链条代替栽植圆盘，延缓了漏苗补救时间，可以有效降低漏栽率。栽植链钳夹式移栽机作业行数一般为1~7行，栽植株距6~78cm，行距50~80cm，配套动力18.4~55.1kW，作业效率2 000~15 000株/h。

2. 优点

这种移栽机型的优点主要有：

（1）机器机构简单，经济性高；

（2）幼苗栽植的株距和深稳定；

（3）幼苗喂、送较稳定可靠；

（4）适合裸根苗和细长苗移栽。

3. 缺点

这种移栽机型的缺点主要有：

（1）不适合钵苗移栽；

（2）钳夹易伤苗；

（3）需喂苗人员精神高度集中，易出现漏苗、缺苗等现象；

（4）不能进行膜上移栽。

二、钳夹式蔬菜移栽机的使用

1. 秧苗条件

以穴盘苗为宜，穴盘圆形钵体直径不大于 45mm，方形钵体长度不大于 45mm。苗间根系无缠绕，起苗方便；常规培育的秧苗，高度 100～150mm、开展度不超过 130mm；秧苗健壮，直立无损伤；取苗及运输时，应防止钵体碎裂和秧苗损伤，同时应将秧苗放在阴凉处。

2. 整地条件

根据土壤性状采用相应的耕整地方式，作业深度 100～200mm；整地不起垄，土壤表面平整、土块细碎，土壤含水率不超过 25%。

3. 作业前准备

检查机具整体情况，选 40.5～47.8kW 动力设备进行挂接，检查传动轮、栽植器、开沟器、覆土器的状态，调整移栽行距、株距、栽植深度，依次检查各紧固件的紧固状态，按移栽机使用说明书开展其他作业前准备工作。

4. 移栽机的调整

（1）挂接　将移栽机下面两个悬挂销分别插入到拖拉机的两个

下拉杆端部的球铰孔中，并用锁销锁牢；悬挂销插入到拖拉机的上拉杆端部的球铰孔中，并用锁销锁牢，移栽机与拖拉机挂接即完成；将移栽机支撑脚上的固定销拔出，将支撑脚升至最高位置用固定销固定，或者将支撑脚取下，移栽机即可运至田间。

（2）空转检查　操作拖拉机的液压升降手柄将移栽机升起，链夹最低点离开地面 5～10cm 后，用手转动行走驱动轮，检查各运行部件是否转动灵活，有无碰撞卡滞现象。

（3）试车　为确保安全，移栽作业前应进行试车。在田里空车试运行一段距离，检查并调整使各运转部件运转流畅。

（4）栽植深度调节　调节拖拉机上拉杆的长度，使移栽机可以平放在地面上，行走驱动轮和覆土镇压轮同时着地。摇动行走驱动轮升降机构的手柄，调节行走驱动轮的高度，顺时针方向摇动手柄，行走驱动轮高度降低，逆时针摇动手柄，行走驱动轮高度升高。行走驱动轮位置升高使开沟深度增大，反之开沟深度减小。一般来说，应使行走驱动轮的高度指示位于刻度的中间位置，即指向"5"刻度，需要改变栽植深度时，适当调节行走驱动轮的高度位置即可。

改变开沟器固定板上螺栓连接的孔位，也可调节开沟器的开沟深度。

（5）秧苗夹持器托板前伸量调节　秧苗夹持器末端的托板也有两个固定孔位，改变螺栓固定孔位使秧苗夹持器伸长或缩短，以适应秧苗高度要求，如图 5-3 所示。

（6）行距调节　松开栽插单元与机架主梁连接处的 U 形螺栓，调整两栽插单元之间的距离使其为行距的 2 倍（移栽时需要在两栽插单元之间的位置再套栽 1 行）。

（7）株距调节　株距调节是通过更换双联链轮或驱动链轮的链轮大小来实现的，如图 5-4 所示。双联链轮有大小两个链轮可以更换，驱动链轮有 9 组链轮可更换。

当双联链轮取用小链轮（齿数为 Z14）、驱动链轮取用齿数为 Z24 的链轮时，移栽的秧苗株距为 27cm。

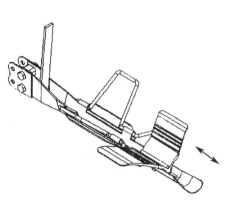

图 5-3 秧苗夹持器托板前伸量调节示意   图 5-4 传动链轮位置示意

当双联链轮取用大链轮（齿数为 Z20）、驱动链轮取用齿数为 Z20 的链轮时移栽的秧苗株距为 48cm。

选用不同齿数的链轮与株距的对应关系如图 5-5 所示。通过更换行走驱动轮上的链轮大小或调换主传动方轴上的双链轮，可实现 13 种株距调整。

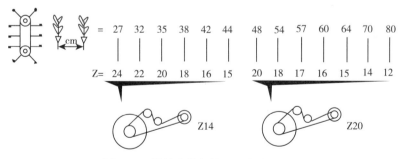

图 5-5 链轮齿数与株距对应关系示意

（8）试栽 以上参数调节完成后，移栽机带人带苗试栽一段距离，查看秧苗栽植情况。测量株距、行距等参数是否符合要求，如果栽植情况良好，则开始正常移栽作业。

5. 移栽作业

按地块大小和形状设计移栽路径；使用北斗卫星自动驾驶系统，保证移栽路径的直线性；根据作业路线的长度，在苗托盘上摆放至少足够栽植一幅的钵苗；地头转弯或倒车时，应停止栽植部工作，保证辅助作业人员离开机具，处于安全位置；操作人员放置穴盘苗应及时准确，防止漏栽；随时检查移苗栽植情况，如出现连续漏栽、伤苗、裸根、重苗等不符合要求情况，应暂停移栽，找明原因，并调整机具。机械移栽作业后效果见图5-6。

图5-6　机械移栽效果

6. 使用中的操作方法及注意事项

（1）按上述要求将土地耕整好并将移栽机调整、试车达到要求后，方可进行移栽作业。

（2）将准备好的秧苗按头尾一致的方向理好，根部朝向喂苗人员放入苗箱，同时准备好下批秧苗。

（3）喂苗人员手持秧苗做好准备，然后向拖拉机驾驶员发出开车指令，开始移栽；喂苗人员每次将一株秧苗放入一个苗夹内，秧苗根部朝向机器前进的方向，秧苗根部稍稍超出秧苗夹持器末端，如图5-7所示。

（4）移栽过程中，拖拉机驾驶员应保持拖拉机匀速行驶，前进速度根据喂苗人员喂苗速度设定：开始时速度应放慢，等喂苗人员操作熟练以后可适当提高速度。

（5）栽插过程中如需长距离转移，喂苗人员应下车以确保安全。

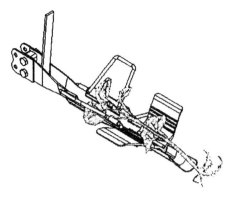

图 5-7 秧苗放置位置示意

三、钳夹式蔬菜移栽机的作业质量规范

钳夹式蔬菜移栽机的作业质量规范见表 5-1。

表 5-1 钳夹式蔬菜移栽机的作业质量规范

项　　目	作业质量指标			
	高密度裸地移栽	高密度膜上移栽	低密度裸地移栽	低密度膜上移栽
栽植合格率（%）	≥90	≥90	≥90	≥90
株距合格率（%）	≥75	≥75	≥80	≥80
行距合格率（%）	≥85	≥85	≥90	≥90
栽植深度合格率（%）	≥75	≥70	≥70	≥70
膜面穴口开孔合格率（%）	—	≥85	≥85	≥85

注 1：具有复式作业功能的移栽机，其铺膜、铺管、施肥、浇水等作业性能指标应符合相应标准规定；

注 2：每平方米种植蔬菜苗大于 80 株为高密度移栽，低于 80 株为低密度移栽；

注 3：漏栽、倒伏、重栽、伤苗、埋苗、露苗为不合格移栽。

四、典型钳夹式蔬菜移栽机的主要技术参数

几种典型钳夹式蔬菜移栽机的外形与主要技术参数见表 5-2。

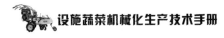

表5-2　几种典型钳夹式蔬菜移栽机的外形与主要技术参数

典型机型	功能特点	技术参数
富来威2ZQ型油菜移栽机（南通富来威农业装备有限公司）	结构简单、使用维修方便；生产效率高、劳动强度低；不伤苗、秧苗直立度好、成活率高；裸苗和钵体苗均能实现移栽；采用株体的开沟器，提高立苗和成活率，先进的覆土装置，保证立苗率，镇压、浇水、施肥等多种功能于一体；多行移栽、行距任意可调；独立单元铰接式结构，移栽行数可调可增可减。	行数×作业幅宽：2～7（行）×（0.8～3m）； 行距：250～800mm，可调； 株距：230～800mm，12挡可调； 栽植深度：40～100mm； 立苗率：≥95%，成活率：≥90%； 灌水量：0～120mL/穴，可调； 施肥量：0～180kg/hm²，可调； 作业效率：0.1～0.74hm²/h； 作业可靠性：≥90%；操作人数：3～8人； 苗高：200mm左右。
久保田KP-200蔬菜移栽机[久保田农业机械（苏州）有限公司]	种植方式：苗杯种植（地膜覆盖、露地兼用型）；适合作物：莴苣、结球甘蓝、白菜、西兰花等；适合钵苗：育苗盘育出的菜苗（200孔、128孔）。	行数：2行不对称种植； 行距：280～550mm，7级可调； 株距：22～80cm，可调； 适合垄高：0～30cm，轮距：90～140cm； 作业效率：0.04～0.07hm²/h； 结构质量：300kg。
FPA型意大利法拉利（FERRARI）移栽机（意大利法拉利移栽机制造有限公司）	FPA型：先覆膜后移栽； FPC型：覆膜移栽一体化； FX型：适于高密度移栽； FMAX型：适于各种蔬菜移栽； MULTIPLA型：适于大小行移栽。	行数：7行； 行距：30～100mm； 最小株距：20cm（连续可调）； 最高移栽速度：2 000株/（行·h）； 拖拉机动力：22.1～58.8kW（30～80马力）。

第三节 挠性圆盘式蔬菜移栽机

一、挠性圆盘式蔬菜移栽机的结构原理

1. 结构

挠性圆盘式移栽机主要工作部件有输送带、开沟器、挠性圆盘、镇压轮等，结构示意如图5-8所示。工作时，操作人员通过输送装置或直接将苗放入挠性圆盘中，当挠性圆盘带苗转动至苗沟底部时放苗，在镇压轮和回流土的作用下完成定植。

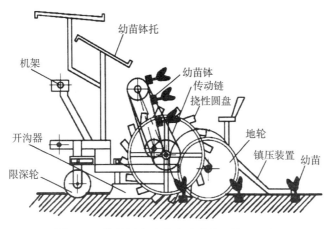

图5-8 挠性圆盘式半自动移栽机结构示意

2. 优点

挠性圆盘式移栽机的主要优点：

（1）机器结构简单，制作挠性圆盘的材料一般为橡胶或者薄钢板，成本较低；

（2）夹持幼苗可以不受钳夹或链夹数量的限制，对株距的适应性较好；

（3）可满足小株距要求的移栽作业；

（4）适合裸根苗和小基质块苗的移栽。

3. 缺点

挠性圆盘式移栽机的主要缺点：

（1）圆盘使用寿命不长；

（2）幼苗栽植株距和深度不稳定；

（3）不能用于膜上移栽作业。

4. 应用

挠性圆盘式移栽机主要应用于大葱、甘薯等长茎裸苗作物或纸筒育苗作物的移栽。

二、挠性圆盘式蔬菜移栽机的作业质量规范

挠性圆盘式蔬菜移栽机的作业质量规范见表 5-3。

表 5-3　挠性圆盘式蔬菜移栽机的作业质量规范

项　　目		作业质量指标	
		裸地移栽	膜上移栽
漏栽率（%）		≤5	≤5
移栽合格率（%）	沙土	≥90	≥90
	壤土、黏土	≥85	≥85
邻接行距合格率（%）		≥90	≥90
株距合格率（%）		≥90	≥90
移栽深度合格率（%）	沙土	≥80	≥80
	壤土、黏土	≥75	≥75
膜面穴口开孔合格率（%）		—	≥95

注1：自动移栽机的漏栽率测定时，需保证穴盘空苗率为零；

注2：具有复式作业功能的移栽机，其铺膜、铺管、施肥、浇水等作业性能指标应符合相应标准规定。

三、典型挠性圆盘式蔬菜移栽机的主要技术参数

以北大荒众荣 2ZY-2 甜菜移栽机（图 5-9）为例，介绍挠性圆盘式蔬菜移栽机的主要技术参数。

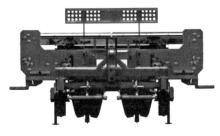

图 5 - 9 北大荒众荣 2ZY - 2 甜菜移栽机

北大荒众荣 2ZY - 2 甜菜移栽机的主要技术参数如下：

配套动力：18.3～30.0kW（25～40 马力）；

外形尺寸（长×宽×高）：1 720mm×2 750mm×1 480mm；

作业速度：2～3km/h；

作业效率：0.2～0.3hm²/h；

作业行数：2 行；

行距：600/660mm；

工作幅宽：1 200/1 320mm。

第四节　吊杯式蔬菜移栽机

吊杯式蔬菜移栽机，又称鸭嘴式或吊篮式蔬菜移栽机，应用较多的是半自动型，需要人工喂苗。

一、吊杯式蔬菜移栽机的结构原理

1. 结构

吊杯式半自动移栽机主要工作部件有传动装置、吊杯栽植器、压实轮等，如图 5 - 10 所示。作业时，操作人员将苗逐棵放入投苗筒内，当苗随投苗筒转动至落苗点时，苗从吊杯中落出。栽植器采用双圆盘平行四杆机构或行星轮系传动，保证吊杯尖端始终朝下。吊杯带苗运动至地面时，吊杯尖破土打穴，吊杯底部打开，将苗摆放至穴中，幼苗在回流土及压实轮的作用下完成定植。

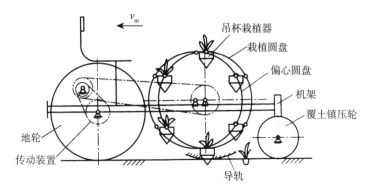

图 5-10　吊杯式半自动移栽机结构示意

2. 优点

吊杯式半自动移栽机采用人工取苗，再将其送入栽植机构进行机械化种植，是目前应用最广、现存量最大的移栽机类型。半自动移栽机的主要优点：

（1）圆盘可同时布置多组栽植器，提高栽植效率；

（2）移栽过程中吊杯仅对幼苗起承载作用，不施加夹紧力，基本不伤苗，尤其适合根系不发达且易碎的钵苗移栽；

（3）栽植器可插入土壤开穴，适合膜上打孔移栽；

（4）吊杯在栽苗过程中起到稳苗扶持作用，幼苗栽后直立度较高。

3. 缺点

吊杯式半自动移栽机的主要缺点：

（1）膜上移栽时，前进速度过快，易出现撕膜现象；

（2）结构相对复杂，成本较高；

（3）不适用于小株距要求的移栽。

二、吊杯式蔬菜移栽机的使用

1. 移栽前的调整

（1）株距的调整　根据移植的蔬菜种类按农艺及当地的种植习惯确定株距。打开控制器电源钥匙，仪表板数码显示株距大小，每

按一次按钮，株距增加或减少1厘米，反复按压按钮直至选择合适的株距。

（2）行距的调整 松开调整手柄，滑动接苗盒架，依据标尺确定位置，然后同时移动左右接苗盒，即可完成行距的调节。

（3）轮距的调整 在垄内多行移栽时，为防止出现轮胎压苗现象，可对轮距进行调整。轮距与行距参数对应表见表5-4。

表5-4 轮距与行距参数对应表

行距（cm）	25	30	35	40	50
轮距（cm）	80	90	80	80	100

（4）栽苗深度的调整

①确认栽植地面和水平检测轮有效接触。

②通过深度调整键，调整栽植需要的合理深度。

（5）覆土轮的调整

①通过增加覆土轮配重来改变覆土轮负重。

②覆土轮间隔的调整。把螺栓拧松可以对覆土轮的左右进行调节，调节后把螺栓拧紧。

2. 移栽作业

（1）通过控制器面板，设定种植行距、速度和深度，调整好行距。

（2）将高低速挡位杆置于低速位置。

（3）启动调整完成后，将操纵杆置于工作位置。

（4）操作人员要将苗完全投入苗盒内，以免苗叶挂在苗盒外沿，不能顺利种植。

（5）操作人员应合理调整投苗速度，否则会导致秧苗漏栽。

（6）整行种植结束需要掉头时，先将操纵杆从工作挡位撤回到中间位置，待平台和栽植机构停止后再做前进或后退掉头等动作。

3. 维护保养

（1）班保养 吊杯式蔬菜移栽机进行班保养的主要内容有：

①将机器清洗干净。

②将运动、传动等关键部位涂上润滑油。

③检查开穴器、接苗盒是否磨损、变形，如磨损、变形，应及时修复或更换。

（2）季保养　吊杯式蔬菜移栽机进行换季保养的主要内容有：

①将机器清洗干净，所有磨损掉漆的部位除锈后重新涂漆，工作摩擦的地方涂黄油或防锈油。

②将机器放入仓库内，避免日晒雨淋。

三、吊杯式蔬菜移栽机的作业质量规范

与挠性圆盘式蔬菜移栽机的作业质量规范相同，略。

四、典型吊杯式蔬菜移栽机的主要技术参数

几种典型吊杯式蔬菜移栽机的外形与主要技术参数见表5-5。

表5-5　几种典型吊杯式蔬菜移栽机的外形与主要技术参数

典型机型	功能特点	技术参数
富来威2ZB-2蔬菜移栽机（南通富来威农业装备有限公司）	搭载高性能汽油发动机，低振动，低噪音，可靠性高；配备机体升降感应器，移栽深度稳定；开沟、覆土、种植一次完成；机具直线行驶，无须弯腰，轻松移栽，劳动强度低；高效种植，一趟两行，每小时可种植4 600株苗，是人工的10倍。	栽植行数：2行；适应垄高：4~30cm；栽植深度：0~6cm（9档）；行距调节范围：35~60cm；株距调节范围：30~60cm；株距调节方式：齿轮调节；移栽机构型式：鸭嘴侧开式；预备苗架载苗量：4盘；栽植效率：4 600株/h；苗的种类：钵苗、营养土苗；苗高：4~17cm；作业效率：0.04~0.1hm²/h

（续）

典型机型	功能特点	技术参数
富来威 2ZBX-6 悬挂式吊杯移栽机（南通富来威农业装备有限公司）	采用组合式结构，每个组合单体可独立完成栽植工作，维修方便；行距、株距、深度可调，栽植深度均匀一致，直立度好；伤苗率低，可靠性高；移栽效率是人工移栽的 4～8 倍，劳动强度低。	行数：6 行；操作人数：7～13 人；配套功率：≥44kW；整机质量：850kg；行距：≥30cm；株距：20～198cm 可调；栽植深度：4～10cm；生产率：≥35 株/（min·行）
2ZBX-10A 洋葱移栽机（山东华龙农业装备股份有限公司）	栽植器形式为：鸭嘴吊杯式，适用小行距、小株距的洋葱移栽。行数可定制，6～12 行，可调。	行数：10 行；操作人数：7～13 人；配套功率：≥66kW；行距：10～20cm；株距：10～20cm；栽植深度：4～10cm；生产率：≥0.13～0.20hm²/h
2ZBLZ-8 履带自走式移栽机（山东华龙农业装备股份有限公司）	主要适于娃娃菜、西兰花、洋葱等小株距、小行距蔬菜作物的移栽。栽植器形式为：鸭嘴吊杯式。采用双曲柄连杆机构，接苗筒左右摆动距离小，接苗时间长，接苗准确可靠。鸭嘴前后排列，保证了 15cm 左右小行距作物的移栽要求。	行数：8 行；操作人数：5 人；配套功率：≥7.5kW；整机质量：1 150kg；行距：15～30cm；株距：10～40cm；秧苗高度：10～20cm；生产率：≥35 株(min·行)

第五节 全自动蔬菜移栽机

一、全自动蔬菜移栽机的工艺流程

全自动蔬菜移栽机采用机、电、气一体化技术组合，操作简单，降低劳动强度，提高移栽作业效率。其作业流程如下：

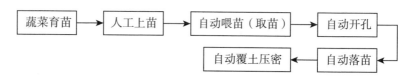

二、全自动蔬菜移栽机的使用

全自动移栽机实现机、电、气智能化，操作简单，真正地降低了劳动强度，同时大大提高移栽机的作业效率。使用前机组人员应进行相应的培训，充分了解移栽机的性能、使用方法及驾驶、装秧技术，以及对钵盘秧苗及整地的要求，熟悉掌握全自动移栽机操作及农艺技术等规程，充分发挥全自动移栽机的效能。在正式移栽作业之前应试调移栽作业，符合农艺要求后方可进行正式移栽作业。

1. 使用调整

（1）托苗架的调整 托苗架分为多层，每层秧盘都可以进行上下移动。第一层的秧苗盘放入后，根据秧苗盘中秧苗的高与低可适当通过旋转定位螺杆上下移动，达到合适秧苗的高度后弹簧拉片可以钩住第二秧盘底板的底部进行固定。以此类推，达到每一盘秧苗的高度锁定上一层底板的底部即可，同时托苗架也可以进行圆周旋转，可在任意位置装、取秧盘。

（2）地轮高度的调整 通过深度板前方的地轮高度拉杆进行调节。地轮向下就松动螺杆下方的螺母，向上就紧固下方的螺母。

（3）覆土轮调整 通过摇杆进行，摇杆顺时针旋转覆土轮向下运动，逆时针旋转覆土轮向上运动。覆土轮左右的调整是机械式进行的，扭转套臂上的螺杆可以进行左右移动覆土轮，达到最佳即可。

（4）镇压力的调整　通过弹簧的张力来调节镇压力的大小，顺时针扭动螺母镇压力变大，逆时针扭动螺母镇压力变小。

（5）秧箱机构传动链轮松紧的调整　秧箱在输送秧苗盘如出现打滑或纵向送秧不动或抖动的现象，则应张紧左右两侧被动轴上的链轮，调整改动轴两端拉杆上的 M8 螺母使链子张紧适当，调整时应注意使送秧链轮主、被动轴平行。

（6）秧苗旋转传动装置链条松紧的调整　秧苗旋转传动装置具有自动张紧功能，链条如出现打滑或抖动现象，则应旋紧链条张紧装置上的调整螺母，增大弹簧张紧力度，达到适当张紧力时紧固双螺母即可。上述调整方法仍达不到张紧链条的松紧时，则应更换新的弹簧。

（7）拢土器集土量的调整　拢土器采集土以供给移栽分配器植入秧苗的需要，保证了秧苗有充足的覆土，增加了成活率。当移栽分配器所需土壤增多或减少时，应松开固定拢土器圆盘固定轴上的螺母及顶丝，用扳手按逆时针旋转拢土器圆盘固定轴，拢土器圆盘偏角变大，拢土量增多；反之，顺时针旋转，圆盘偏角变小，拢土量减少。调整达到要求后按上述顺序紧固顶丝，再锁紧螺母。

（8）移栽分配器栽植秧苗深浅度的调整　当移栽分配器植入秧苗的深度过深或过浅时，应在确保左右两侧地轮与地面接触高度保持一致的情况下，一是上下调整移栽分配器地面左右两侧调整板，达到移栽分配器植入秧苗的深度即可，调整后保证两侧调整板高度应一致；二是通过调整移栽分配器右侧手把实现精确的调整，手把上下的移动带动偏心轮盘的偏心转动，从而达到每组分配器移栽秧苗入土深度的精确调整。

（9）移栽秧苗行距的调整　当不同地区对秧苗行距有不同要求时，先松开固定移栽传动固定架 U 形卡上的 M14 螺母，及六角钢传递动力链轮上 M8 螺母，后以机器纵向中心为轴线对称移动移栽工作部，达到所要求的行距后锁紧上述各部螺母。

（10）移栽秧苗株距的调整　当对秧苗的株距有不同要求时，先按照使用说明书中"不同的株距选择相对应的链轮对照表"的要求，选择所要达到株距的链轮，后更换与两侧地轮链轮相连接六角钢传动轴上的链轮，更换时使地轮上链轮与六角钢上的链轮在一条水平线上，然后锁紧链轮轮毂上的 M8 螺母，并适当调整张紧轮，松紧度达到要求即可。

2. 装秧与加秧技术

（1）空秧箱装钵盘秧苗开始前，操作员启动程序控制器，程序控制器先加电自检，检测并复位各传感器、施控装置，通过液晶显示屏幕给出相关信息，等待操作员给出作业指令。

（2）自检通过，操作员将移栽钵盘秧苗装入秧箱，按下开始移栽作业按钮，程序控制器指令伺服电机通过传动机构带动秧箱内的钵盘秧苗快速运动，当钵盘秧苗运动到接近开关传感器对应位置时，接近开关传感器向程序控制器发出信号，程序控制器接到接近开关传感器的信号后停止伺服电机工作，这时钵盘秧苗停止在秧箱内运动，等待其他取秧的工作程序。

（3）当秧箱中的钵盘秧苗逐渐减少到规定的极限位置时，接触开关发出指令，加秧警报蜂鸣响起，加秧暂报灯点亮，加秧监控器上显示出需要加秧的信号，说明秧箱需要加钵盘秧苗，这时先关停报警蜂鸣开关，再开始加入钵盘秧苗。

（4）加钵盘秧苗时，先用手轻轻提起钵盘秧苗一端后，将取秧插板插入钵盘秧苗底部进行取秧。

（5）取出带有钵盘秧苗插板，平端到移栽机秧箱上，角度倾斜，同时轻轻抽出取秧插板。

（6）加入时钵盘秧苗前要贴紧秧箱平面，对接时两软秧盘接触处不要拱起。

（7）装、加钵盘秧苗时要让钵盘秧苗自由滑下或轻轻地推下，必须注意钵盘秧苗对接处不留缝隙更不能拱起。作业中休息时间过长时，把钵盘秧苗拿下来，并清理秧箱内的泥土。

（8）运秧过程中和取钵盘秧苗时不要将秧片弄碎或把秧苗折断。

3. 移栽驾驶技术

（1）驾驶、装秧前应阅读机器使用说明书及贴在机器上的安全铭牌，充分理解内容后再使用该机器。

（2）检查所有传动部件、电气元件以及调整部位是否达到要求，铰接点及紧固件是否牢固，各润滑点及加油处是否达到要求。

（3）全自动移栽机在进入田地时选用作业挡速。

（4）移栽前应考虑好机器行走路线和转移地块时的进出路线，尽量减少空驶行程和人工补苗区。

（5）机器尽量直行，转向接行时行距要稳定。

（6）通过水渠或高埂时，应搭木板，不要强行通过以防止损坏机器。

（7）根据本地区的农艺要求，作业前调节好移栽的行距和株距。

（8）靠边作业时不要离田埂太近，以免损坏机器。

（9）一天作业结束后按照说明书的要求进行机器保养。

三、全自动蔬菜移栽机的作业质量规范

全自动蔬菜移栽机的作业质量规范见表 5-6。

表 5-6　全自动蔬菜移栽机的作业质量规范

项　目		作业质量指标	
		裸地移栽	膜上移栽
漏栽率（%）		≤5	≤5
移栽合格率（%）	沙土	≥90	≥85
	壤土、黏土	≥85	≥80
邻接行距合格率（%）		≥90	≥90
株距合格率（%）		≥90	≥90
移栽深度合格率（%）	沙土	≥80	≥80
	壤土、黏土	≥75	≥75
膜面穴口开孔合格率（%）		—	≥95

注1：自动移栽机的漏栽率测定时，需保证穴盘空苗率为零；

注2：具有复式作业功能的移栽机，其铺膜、铺管、施肥、浇水等作业性能指标应符合相应标准规定。

四、典型全自动蔬菜移栽机的主要技术参数

几种典型全自动蔬菜移栽机的外形与主要技术参数见表5-7。

表5-7　几种典型全自动蔬菜移栽机的外形与主要技术参数

典型机型	功能特点	技术参数
PF2R 全自动蔬菜移栽机〔洋马农机（中国）有限公司〕 	取苗、开孔、落苗、覆土全流程蔬菜移栽； 标准化钵体苗，钵体移栽缓苗时间短，移栽质量高； 踏板无级变速、均匀稳定。	发动机：空气四冲程 OHV 汽油机； 移栽行数：2 行； 移栽行距：45～65cm； 移栽株距：26～80cm； 移栽深度调节方式：10 段（单手柄）×齿轮变速 2 段； 作业效率：0.17hm²/h
2ZS-2（VP245B）/2ZS-2A（VP255B）全自动西兰花钵苗移栽机（常州亚美柯机械设备有限公司） 	秧苗从秧盘中的推出、皮带输送、开沟、种植、培土过程的全自动。适用于大葱、白菜、花椰菜、西兰花等多种蔬菜的钵苗移栽，具有经济性好，作业效率高，轻量便捷，操作简便，全程自动化，无苗自动报警，自由选择间距等特点。	发动机：风冷四冲程汽油发动机； 种植方式：开沟培土； 种植行数：2 行； 种植行距：45～55cm； 种植深度：1.0～4.0cm； 种植株距：5.0～52.0cm； 作业速度：0.15～0.60m/s； 作业效率：0.02hm²/h

第六章
设施蔬菜直播机械化技术

第一节 概 述

一、设施蔬菜的栽培模式

设施蔬菜的栽培模式主要有两种：田间直播和育苗移栽。

1. 田间直播栽培模式

田间直播是将蔬菜种子直接播种在设施苗床上。

适用范围：叶菜类蔬菜。

田间直播栽培模式的基本作业流程如图6-1所示。

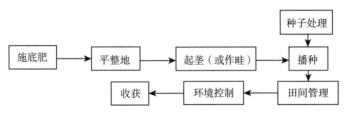

图6-1 田间直播栽培模式的基本作业流程

2. 育苗移栽模式

育苗移栽是先集中进行蔬菜育苗，后将蔬菜秧苗移栽到温室或大田中。

适用范围：果类蔬菜。

育苗移栽模式的主要作业流程如图6-2所示。

二、田间直播方式

蔬菜田间直播方式主要有：撒播、条播、穴播、精播、铺膜播

131

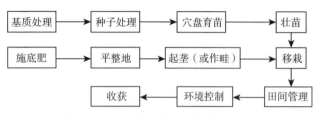

图 6-2　育苗移栽模式的主要作业流程

种等。

1. 撒播

撒播即采用人工或机械的方式将种子均匀地撒播于苗床上（图 6-3）。撒播是小粒径种子播种采用的一种快速简便的直播方式，同时也是一种较粗放的直播方式，它的缺点是用种量较大，密度不易控制，后期管理不方便，产量难以保证。这种播种方式多用于生长期短、面积小的速生菜类（如小白

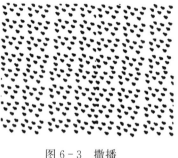

图 6-3　撒播

菜、油菜、小萝卜等）播种。这种方式可经济利用土地面积，但不利于机械化的操作管理。

撒播设备：撒播机。

2. 条播

条播即将种子均匀地播成一条，行与行之间保持一定距离均匀播种（图 6-4）。条播的作物有一定的行间距，通风和受光均匀，便于行间松土施肥。条播用种量少于撒播，但单行作物密度相对较大。这种播种方法一般用于生长期较长和面积较大的蔬菜（韭菜、萝卜等）及需要深耕培土的蔬菜（马铃薯、生姜、芋头等）。这种方式便于机械化的耕作管理，灌溉用水量少而经济。一般开 5～10cm 深的条沟播后覆土踏压，要求带墒播种或先浇水后播种盖土，幼苗出土后间苗。

条播设备：条播机。

3. 穴播

穴播又叫点播，即按照规定的株距、行距进行播种，每穴内播种有多粒种子，是一种比较精准的播种方式（图6-5）。穴播具有条播的优点，且用种量较之条播相对较少。穴播由于边际效应的作用，由穴边缘向穴中心呈由大到小的有序状态分布，便于分级选苗。

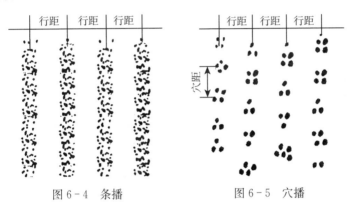

图6-4 条播　　　　　图6-5 穴播

这种播种方式一般用于需要丛植的蔬菜（韭菜、豆类等）。穴播的优点在于能够创造局部的发芽所需的水、温、气条件，有利于在不良条件下播种而保证全苗。如在干旱炎热时，可以按穴浇水后点播，再加厚覆土保墒防热，待要出苗时再扒去部分覆土，以保证全苗。穴播用种量小，也便于机械化操作。育苗时，划方格切块播种和纸筒等营养钵播种均属于穴播。

穴播设备：穴播机（采用型孔轮式穴播机）。

4. 精播

即在规定的株距和行距要求下将每穴所播的种子控制在规定的粒数，是一种更为精确的播种方式（图6-6）。精播可以在保证出苗率的同时，将种子的用量控制为最小，使田间植株分布均匀、合理密植，甚至不需间苗。

精播设备：精量播种机。

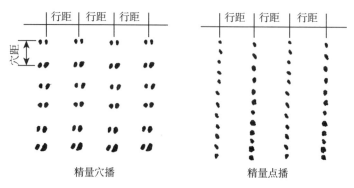

精量穴播　　　　　　　　　　精量点播

图 6-6　精播

5. 铺膜播种

铺膜播种是种子出苗后，幼苗长在膜外的一种播种方式（图6-7）。这种方式可以先播下种子，随后铺膜，待幼苗出土后再由人工破膜放苗；也可以先铺上薄膜，随即在膜上打孔播种。

铺膜播种优点：①提高并保持地温；②增加土壤含水量；③改善土壤养分状况；④改善土壤物理性状；⑤促进有机质分解；⑥改善近地光环境；⑦抑制杂草生长；⑧增强抗病虫害能力；⑨压盐抑碱，改良土壤；⑩提高作物产量。

地膜栽培有许多优点，但成本较高、消耗劳力较多、技术要求也较高，且作物收获后，残膜回收问题也未完全解决。

先铺膜后播种（膜上打孔下种）

先播种后铺膜，人工破膜放苗

图 6-7 铺膜播种

三、播种机的类型

1. 按播种方式分

按播种方式不同，蔬菜播种机可分为撒播机、条播机、穴播机和精密播种机，如图 6-8 所示。

（1）撒播机 撒播是将种子漫撒于地表，再用其他工具进行覆土的播种方式。撒播的生产率很高，但种子分布不均匀，覆土深浅不一致。常用的机型为离心式撒播机。

（2）条播机 条播是将种子成条状播入土中。在每条中，种子分布的宽度称为苗幅，条与条之间的中心距叫做行距。条播是最常用的一种播种方式，主要用于蔬菜小粒种子的播种作业。

条播机作业时，由行走轮带动排种轮旋转，种子按设定由种子箱排入输种管并经开沟器落入沟槽内，然后由覆土镇压装置将种子覆盖压实。

（3）穴播机 穴播机是一种按一定行距和穴距，将种子成穴播种的种植机械。每个播种机单体可完成开沟、排种、覆土、镇压等整个作业过程。

撒播机　　　　　　　　　　条播机

穴播机　　　　　　　　　　精密播种机

图6-8　播种机的类型

（4）精密播种机　精密播种是以确定数量的种子，按照要求的行距和粒距准确地播种到湿土中，并控制播种深度，以便为种子创造均匀一致的发芽环境。按种子在行内分布方式的不同，又可分为以下两种。

①精密穴播。每穴播2～3粒种子，用于播种幼苗破土较难的蔬菜等。

②精密点播。每穴只播1粒种子，粒距均匀准确。

2. 按排种器的结构原理分

可分为机械式播种机和气力式播种机两大类。气力式播种机又分为气吸式、气压式、气吹式等。机械式播种机又分为圆盘式、窝眼轮式、孔带式、带夹式、匙式等。

3. 按播种蔬菜类型分

可分为叶菜类蔬菜播种机、根茎类蔬菜播种机、果菜类蔬菜播种机等。

4. 按动力分

可分为手动式播种机、电动式播种机、拖拉机悬挂式播种机等。

第二节　机械式蔬菜直播机

一、机械式蔬菜直播机的类型

机械式蔬菜直播机是根据蔬菜种子的大小和粒形，利用机械力（离心力、摩擦力、推力等）将蔬菜种子推送至排种器的型孔中，再在重力作用下排送到地表种沟，并覆土压实。

机械式蔬菜播种机目前是主流，主要原因是机械式蔬菜播种机结构较简单，制造和维护成本低，性能可靠稳定。按排种器分主要有：水平圆盘式、倾斜圆盘式、外槽轮式、窝眼轮式、型孔轮式、垂直转勺式、指夹式和带式等 30 余种，机械式播种机的排种器对种子形状、质量要求严格。蔬菜种子较小，采用机械式精播机进行蔬菜播种时要进行丸粒化处理。

根据机械力产生原理不同，可分为水平圆盘式、窝眼轮式、型孔带式等类型，几种机械式蔬菜直播机的排种器的工作原理及特点见表 6-1。

表 6-1　几种机械式蔬菜直播机的排种器工作原理及特点

类型	简图	工作原理	特点和适用范围
水平圆盘式排种器	推种器　刮种器 排种圆盘	当水平排种圆盘回转时，种子箱内的种子靠自重充入型孔并随型孔转到刮种器处，刮种舌将型孔上的多余种子刮去。留在型孔内的种子运动到排种口时，在自重和推种器的作用下离开型孔落入种沟，完成排种过程。	水平圆盘式排种器结构简单，工作可靠，均匀性好，使用范围广。但对高速播种的适应性较差，在单粒精密播种时，种子必须按尺寸分级。

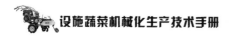
（续）

类型	简图	工作原理	特点和适用范围
窝眼轮式排种器	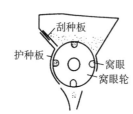	种子箱内的种子靠自重充入窝眼轮的窝眼内，当窝眼轮转动时，经刮种板刮去多余种子后，窝眼内的种子随窝眼沿护种板转到下方一定位置，靠重力或由推种器投入输种管，或直接落入种沟。单粒精播时每个窝眼内要求只容纳一粒种子。	窝眼的型孔形状有圆柱形、圆锥形和圆弧形。为了便于种子充填和刮种时减少种子损伤，型孔上带有前槽、尾槽或倒角。充种角越大，充种路程越长，种子进入窝眼内的机会越多，充填性能越好。该排种器适于播长、宽、厚差别不大的种子，以播球状种子效果最佳。
型孔带式排种器	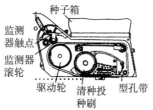	种子从种子箱靠自重流入种子室，并在排种胶带运动时进入型孔内依次排列。充有种子的型孔运动到清种轮下方时，与排种带移动方向相反旋转的清种轮将多余种子清除。排种带型孔内的定量种子离开鼓形托板后，种子靠重力落入种沟。	通用性好，可更换不同型孔的排种带进行单粒点播、穴播和带播；能播小粒种子；种子损伤率低，粒距均匀性好。

二、机械式蔬菜直播机的结构

用于设施大棚的机械式蔬菜直播机，一般以小型机动式为主。现以 2BS-JT10 型精密蔬菜播种机为例，介绍其构造。2BS-JT10 型精密蔬菜播种机是一种小型自走式播种机，由发动机、底盘和电器、驱动轮、镇压轮、排种器、开沟器、传动部件、种子箱等部分组成（图6-9）。

图6-9 2BS-JT10型精密蔬菜播种机的构造

工作时，窝眼轮伴随播种机移动而转动，窝眼经过种箱时，蔬菜种子在重力及种子间接触力的作用下填满窝眼，经过排种器毛刷清种，每个窝眼保持1~2粒种子，在窝眼转向地面后，种子在重力作用下落入开沟器所开沟内，经过覆土镇压，完成播种作业。

三、机械式蔬菜直播机的使用

1. 选配播种轮

根据种子的大小选择播种轮，以恰好合适一穴所需的种子数能填入播种轮上的凹穴为准。根据播种盒盒盖上的凹穴进行判断。

2. 安装播种盒

选好播种轮后，拆下机器上的播种盒换上播种轮，然后根据播种行距依次装上播种盒并固定。

3. 调节播种株距

根据播种要求通过更换不同传动齿轮，可以实现株距在2~50cm间的调整。

4. 调节播种深度

调节播种盒下方安装的开沟器，松动开沟器的固定螺栓可上升或下降开沟器，实现播种深度的调节。

5. 播种作业

拆下辅助行走轮，启动发动机，合上行走离合、播种离合，调节油门可进行播种作业。

6. 注意事项

（1）正式播种前，先在地头试播 10～20m 观察播种机的工作状况，达到农艺要求后再正式播种。

（2）机器在转向过程中，为避免造成重播，浪费种子，可断开播种离合，单靠后轮进行转向操作。

（3）播种时经常观察排种器、开沟器、笼罩器以及传动机构的工作情况，如产生堵塞、黏土、缠草、种盒密封不严，及时予以消除。

（4）作业时种子箱内的种子不得少于种子箱容积的 1/5；运输或转移到其他地块时，种子箱内不得装有种子，更不能压装其他重物。

（5）调节、修理、润滑或清除缠草等作业，必须在停车后进行。

四、机械式蔬菜直播机的作业质量规范

机械式蔬菜直播机属于精密播种机，根据 NY/T 1143—2006《播种机质量评价技术规范》，机械式蔬菜直播机的作业质量应符合表6-2的指标要求。

表 6-2　机械式蔬菜直播机的作业质量指标

项　目	作业质量指标		
	种子粒距 ≤10cm	种子粒距 10～20cm	种子粒距 20～30cm
粒距合格指数（%）	≥60.0	≥75.0	≥80.0
重播指数（%）	≤30.0	≤20.0	≤15.0
漏播指数（%）	≤15.0	≤10.0	≤8.0
合格粒距变异系数（%）	≤40.0	≤35.0	≤30.0
（机械式）种子破损率（%）		≤1.5	
播种深度合格率（%）		≥80.0	

（续）

项 目	作业质量指标		
	种子粒距 ≤10cm	种子粒距 10～20cm	种子粒距 20～30cm
各行排肥量一致性变异系数（%）		≤13.0	
总排肥量稳定性变异系数（%）		≤7.8	

注1：试验用播种机的理论粒距推荐采用粒距区段的中值，即5cm、15cm、25cm进行测定；

注2：作业速度按使用说明书的规定，如果为速度范围应取中值；

注3：以当地农艺要求播种深度值为h，h≥3cm时，h±1cm为合格；h<3cm是，h±0.5cm为合格；

注4：颗粒状化肥含水率≤12%，小结晶粉末化肥含水率≤2%，排肥量为150～180kg/hm²。

五、典型机械式蔬菜直播机的技术参数

以曲阜市鲁强机械制造有限公司的小型自走式汽油蔬菜播种机为例进行介绍（图6-10）。

图6-10 小型自走式汽油蔬菜播种机

1. 适用范围

可播蔬菜种子：胡萝卜、萝卜、芜菁、甜菜、洋葱、菠菜、莴苣、结球甘蓝、芦笋、落葵、生菜、芹菜、小白菜、娃娃菜、菜

心、葱、雪里红、油菜、辣椒、花椰菜、西兰花等中小蔬菜种子。

2. 主要技术参数

（1）播种方式：点播、条播。

（2）播种行数：1 行、2 行、3 行、4 行、6 行、8 行、10 行。

（3）行距：8～15cm。

（4）播种深度：2～8cm。

3. 产品特点

（1）播种参数（行距、株距、落种深度、落种数）可调控。

（2）开沟、播种、覆土、镇压一次完成。

（3）四行播种机，适合大面积作业。

（4）适合小粒种子密集性种植播种。

（5）操作简便，转弯灵巧。

（6）特殊材料制作播种轮准确落种。

（7）两侧配置移动用胶轮，便于播种机不作业时入库移动。

（8）排种方式：播种轮式，自由组装，可拆卸增加、减少行数（组数）。

（9）更换播种轮可播不同类型的种子。

（10）随机配套不同型号的齿轮以便调节株距。

第三节　气力式蔬菜直播机

一、气力式蔬菜直播机的类型

机械式排种器由于结构及工作原理等原因，不可避免会对种子造成损伤，影响蔬菜生产效率。气力式播种机对种子损伤小，通用性好，对种子大小和质量要求不高，播种精度高、质量好、效率高，工作可靠，适合高速作业，因此得到了广泛使用。

气力式蔬菜直播机是利用气力将蔬菜种子从种箱中分离出来，蔬菜种子被吸附并排列在排种盘上，然后播下，可实现精量穴播。

根据气力原理不同，可分为气吸式、气吹式、气压式等类型，几种气力式蔬菜直播机排种器的工作原理及特点见表 6 - 3。

表 6-3 几种气力式蔬菜直播机排种器的工作原理及特点

类型	简图	工作原理	特点和适用范围
气吸式排种器	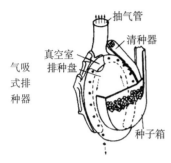	气吸式排种器是利用真空吸附原理排种。当排种圆盘回转时,在真空室负压作用下,种子被吸附于吸孔上,随圆盘一起转动。种子转到圆盘下方位置时,附有种子的吸孔处于真空室之外,吸力消失,种子靠重力或推种器作用下落到种沟内。	通用性好,更换具有不同大小吸孔和不同吸孔数的排种盘,便可适应各种不同尺寸的种子及株距要求。但气室密封要求高,结构较复杂,易磨损。
气吹式排种器	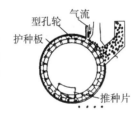	种子在自重作用下充入排种轮窝眼内,当装满种子的窝眼旋转到气流喷嘴下方时,在喷出气流作用下,窝眼内上部多余的种子被吹回到充种区,而位于窝眼底部的一粒种子在压力差作用下紧附在窝眼孔底。当窝眼进入护种区,种子靠自重逐渐从窝眼里滚落。	窝眼做成圆锥形,外口直径较大,一个窝眼内可装入几粒种子,提高了充种性能,适于较高速作业播种。可以播种未精选分级的种子,对同一品种不同规格种子的排种可采用气流清种,使清种及排种性能大为提高。
气压式排种器		风机气流从进风管进入排种筒,部分气流通过筒壁小孔泄出,在窝眼孔产生压力差,使种子紧贴在窝眼内并随排种筒上升。当排种筒上方的弹性卸种轮阻断窝眼与大气相通的小孔,消除压力差后,种子卸压并在重力作用下分别落到各行的接种漏斗内进入气流输种管,被气流输送到各行种沟内。	用一个排种筒可播多行种子,结构紧凑,传动简单且通用性好,但株距合格率稍差。换播种子需更换排种筒,改变株距靠调整排种滚筒传动比或更换排种筒。

二、气力式蔬菜直播机的结构原理

由于气力式蔬菜直播机具有不伤种子、对蔬菜种子外形尺寸要求不严、整机通用性好、作业速度高、种床平整、种子分布均匀及出苗整齐等优点，得到了广泛应用。目前，生产上应用较多的是气吸式蔬菜直播机。

气吸式蔬菜直播机由主梁、上悬挂架、下悬挂架、划行器、风机、种肥箱、地轮、作业单机等组成，如图 6-11 所示。

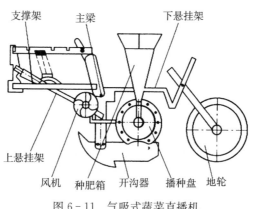

图 6-11　气吸式蔬菜直播机

1. 气吸式蔬菜直播机的结构

划行器装在主梁的两侧端部，上悬挂架和下悬挂架固定在主梁的两端，风机安装在上悬挂架上，种肥箱通过支架固定在主梁上，其特征在于 2～4 个作业单体及 2 个地轮组合平行并联装配在主梁上，组成 2 行或 4 行联合作业机。

作业单体包括施肥开沟器、仿形机构、排种开沟器、覆土镇压机构。

施肥开沟器安装在主梁上，播种开沟器通过仿形机构安装在主梁上，覆土镇压机构装在排种开沟器的后部。

由于气吸式蔬菜直播机具有投种点低、种床平整、籽粒分布均匀、播深一致以及出苗整齐等符合农艺要求的特点，越来越受到广泛应用。在气吸式蔬菜直播机气吸体上更换不同的排种盘和不同传动比的链轮，即可精密播种不同蔬菜种子。气吸式播种机可单行、双行、多行作业，通用性强，并能一次完成侧施肥、开沟、播种、覆土和镇压作业。

2. 气吸式蔬菜直播机的工作原理

气吸式蔬菜直播机是由高速风机产生负压，传给排种单体的真空室。排种盘回转时，在真空室负压作用下吸附种子，并随排种盘一起转动。当种子转出真空室后，不再承受负压，靠自重或在刮种器的作用下落在种沟内。

三、气力式蔬菜直播机的作业质量规范

气吸式蔬菜直播机的作业质量指标见表 6-4。

表 6-4 气力式蔬菜直播机的作业质量指标

项目	作业质量指标		
	种子粒距 ≤10cm	种子粒距 10～20cm	种子粒距 20～30cm
粒距合格指数（%）	≥60.0	≥75.0	≥80.0
重播指数（%）	≤30.0	≤20.0	≤15.0
漏播指数（%）	≤15.0	≤10.0	≤8.0
合格粒距变异系数（%）	≤40.0	≤35.0	≤30.0
（气力式）种子破损率（%）	≤0.5		
播深合格率（%）	≥80.0		
各行排肥量一致性变异系数（%）	≤13.0		
总排肥量稳定性变异系数（%）	≤7.8		

注1：试验用播种机的理论粒距推荐采用粒距区段的中值，即5cm、15cm、25cm进行测定；

注2：作业速度按使用说明书的规定，如果为速度范围应取中值；

注3：以当地农艺要求播种深度值为 h，h≥3cm 时，（h±1）cm 为合格，h＜3cm时，（h±0.5）cm 为合格；

注4：颗粒状化肥含水率≤12%，小结晶粉末化肥含水率≤2%，排肥量为150～180kg/hm²。

四、典型气力式蔬菜直播机的技术参数

以黑龙江德沃 2BQS-8 气力式蔬菜精密播种机为例，8 行气吸式蔬菜播种机，对种子性状限制较低，除毛刺种子外，一般粒径 0.2～5mm 的蔬菜种子都可以选用。根据播种不同蔬菜种子的需要，一次可完成浅层开沟、精密播种、圆轮压种、双侧覆土、整体镇压等作业，实现一机多用。该机为单苗带播种作业，行距和株距可据需要适时调整；负压吸种、正压吹杂，实现高速精密播种，防止出现空穴漏播现象。配套 58.5kW（80 马力）以上拖拉机牵引作业，需要机手 1 名，作业效率 0.27～1.13hm^2/h（图 6-12）。

图 6-12　黑龙江德沃 2BQS-8 气力式蔬菜精密播种机

第七章
设施蔬菜田间管理机械化技术

第一节 概 述

田间管理是指农业生产中，对作物从播种到收获的整个过程所进行的各种管理措施的总称，即为作物的生长发育创造良好条件的劳动过程，包括中耕除草、水肥调控，病虫防治等。目前国内蔬菜生产中常用的田间管理机械包括：中耕除草机械、灌溉施肥机械、植保机械等。

一、植保机械

狭义地讲，植保机械通常是指用化学药剂防治农业、林业病、虫、草害的机械。由于药剂和作物种类的多种多样，使得施药技术和喷洒方式也多种多样，从而决定了植保机械的多样性。常见的植保机械有喷雾机、喷粉机、烟雾机、熏蒸机、拌种机、浸种机、诱杀和土壤消毒机械等。植保机械的分类方法多种多样，一般按农药施用剂型和用途、配套动力、操作方式等进行分类，如图7-1所示。

此外，还有按雾化方式、喷雾量大小等分类方式。因此，植保机械的产品命名较为复杂，常常会出现一个产品包含多种分类方式的命名，如背负式机动喷雾喷粉机，就包含操作方式、配套动力和雾化原理3种分类方式。

二、中耕机械

1. 中耕的目的
中耕除草可疏松表土，增加土壤通气性，提高地温，促进好气

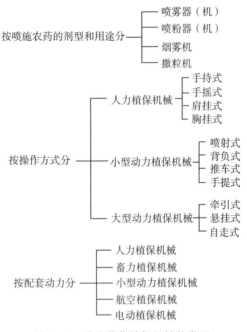

图 7-1 设施蔬菜植保机械的类型

微生物活动和养分有效转化，去除杂草，促使根系伸展，调节土壤水分状况。

目前，我国主要的杂草控制方法就是采用化学或机械化学方法来灭草，少数地区仍采用人工除草。人工除草劳动强度大、耗时费力、作业效率低；化学或机械化学方法除草所用化学除草剂的残留毒性，会给作物和土壤造成一定的化学污染、环境污染。机械除草能有效降低劳动强度，提高生产效率，无环境污染，是农业可持续发展中的一项关键性生产技术。机械除草是利用各种形式的除草机械和表土作业机械切断草根，干扰和抑制杂草生长，达到控制和清除杂草的目的。

2. 中耕机的类型

中耕机也称为田间管理机，它主要由工作部件、机架、牵引地轮或悬挂装置组成。与拖拉机配套构成中耕作业机组，适用于蔬菜、花卉、茶叶等作物生长过程中的除草、松土、培土、施肥、开沟、起垄等作业，起到疏松地表、消灭杂草、蓄水保墒及促进有机物分解等作用。通过与相配套农机具的组装，中耕机还可以进行喷灌、施药等作业。在平原、山区和丘陵地带应用十分广泛。

中耕机按作业条件和耕作制度可分为旱田中耕机、水田中耕机、垄作中耕机等。

按作业性质可分为全面中耕机、行间中耕机、通用中耕机、间苗机等，其中通用中耕机可以播种和中耕兼用。

按动力可分为人力、畜力、机力三种类型。机力中耕机根据与动力机的连接形式不同分为牵引式、悬挂式、直连式三种，目前使用较普遍的是悬挂旱田中耕机。

按工作部件分可分为锄铲式、回转式等，其中锄铲式中耕机应用较广。

三、灌溉机械

1. 设施蔬菜的灌溉目的

设施蔬菜灌溉的目的是补充自然供水的不足，调节农田水分状况，使土壤中的养分、温度、水分与通气等状况得到合理的调节，以满足蔬菜生长发育对水分的适时适量的需要，达到蔬菜的稳产、高产、高质的目的。

2. 设施蔬菜的灌溉方式

农业灌溉通常采用地面灌溉、喷灌和微灌三种灌溉方式。设施蔬菜一般采用喷灌和微灌方式，少数地区也采用地面灌溉方式。

（1）地面灌溉 地面灌溉技术是最古老的，也是现今世界上采用最为普遍的灌溉技术，根据灌溉水向田间输送的形式和湿润土壤的方式不同，地面灌水技术可分为畦灌、沟灌、淹灌等方式。

为了充分利用水资源，提高水的利用率和利用效率，在传统地面灌溉方式基础上，研制了许多节水工程技术，如波涌灌溉、地面浸润灌溉、负压差灌溉、膜上灌溉等技术。

（2）喷灌 喷灌就是利用水泵和管道系统，在一定的压力下把水喷到空中，碎成细小的水滴，均匀降落在蔬菜上，供给蔬菜水分的一种灌溉方法。喷灌又称喷洒灌溉，有较显著的节水增产效应，是一种比较先进的灌水技术。

与传统的地面灌溉相比，喷灌具有：节约用水、节约用地、增加产量、省工省力、保持水土等优点。但也有对水质要求较严格、受风力影响较大、蒸发损失大、设备与基建投资较大、作业成本较高等缺点。

（3）微灌　微灌是指通过管道系统与安装在末级管道上的灌水器，将水和植物生长所需的养分以较小的流量，均匀、准确地直接输送到植物根部附近土壤的一种灌水方法。是设施蔬菜的一种主要灌溉方式。

微灌按所用设备（主要是灌水器）及出流形式不同，分滴灌、微喷灌、涌泉灌（小管出流灌）、渗灌等。

①滴灌。是利用专门灌溉设备，灌溉水以水滴状流出而浸润植物根区土壤的灌水方法。分为地表滴灌和地下滴灌。

地表滴灌：是通过末级管道（称为毛管）上的灌水器，即滴头，将压力水以间断或连续的水流形式灌到目的根区附近土壤表面的灌水形式。

地下滴灌：是将水直接灌到地表下的目的根区，其流量与地表滴灌相接近，可有效减少地表蒸发，是目前最为节水的一种灌水形式。

②微喷灌。利用专门灌溉设备（微喷头）将压力水送到灌溉地块，通过安装在末级管道上的微喷头（流量不大于 250L/h）进行喷洒灌溉的方法。微喷灌具有提高空气湿度、调节田间小气候的作用。

③涌泉灌。利用流量调节器稳流和小管分散水流或利用小管直接分散水流实施灌溉的灌水方法，也称小管出流灌。

④渗灌。是将灌溉水引入田面以下一定深度，通过土壤毛细管作用，湿润根区土壤，以供蔬菜生长需要。

微灌具有省水、省工、节能，灌水均匀，增加产量，对土壤和地形适应性强的优点，但也存在易堵塞、易盐分积累、限制根系发展、成本高等不足。

第二节 植保机械化技术

设施蔬菜独特的栽培生长环境使蔬菜生长期更易于发生病虫害，而且病虫害发生蔓延快，比大田露地生产来势猛。目前设施栽培中，使用化学农药依然是控制病虫害的最有效的手段之一。

一、设施蔬菜的施药技术

在设施蔬菜生产中，常用的施药技术主要包括叶面喷雾技术、喷粉技术、喷烟技术及土壤消毒技术等。

1. 喷雾技术

喷雾是设施蔬菜生产中最重要的农药施用方法，常用的喷雾方法有常量喷雾、低容量喷雾及超低容量喷雾。设施蔬菜的喷雾技术如图 7-2 所示。

图 7-2 设施蔬菜的喷雾技术

2. 喷粉技术

所谓喷粉法，就是在温室、大棚等密闭空间里喷撒具有一定细度（10pm 以下）和分散度的粉尘剂，使粉尘颗粒在空间扩散、飘浮形成浮尘，并能在空间飘浮相当长的时间（20min 以上），因而能在植株冠层中很好地弥漫、穿透，形成比较均匀的沉积分布，粉粒在作物上的沉积率高达 70％以上。喷粉法的优点是工效高、不用水、农药有效利用率高、不增加棚室的湿度、防治效果好，但不可在露地使用，也不宜在作物苗期施用。设施蔬菜的喷粉技术如图 7 - 3 所示。

图 7 - 3　设施蔬菜的喷粉技术

3. 喷烟技术

喷烟技术是指把农药分散成为烟雾状态的各种施药技术的总称，如硫黄电热熏蒸技术、热烟雾技术和常温烟雾技术等。烟是固态微粒在空气中的分散状态，而雾则是微小的液滴在空气中的分散状态，共同的特征是粒度细，在空气扰动或有风的情况下，烟雾微粒很难沉降。针对这一特性，烟雾施药技术比较适于在相对密闭的温室内使用。设施蔬菜喷烟技术如图 7 - 4 所示。

图 7 - 4　设施蔬菜的喷烟技术

4. 土壤消毒技术

设施农业种植中的封闭条件和高密度的重茬复种，有利于土传病原物在土壤中积累，造成立枯病、猝倒病、枯萎病、黄萎病、根腐病以及根结线虫病等土传病虫害发生日趋严重，因此除积极采用农业措施控制外，土壤药剂处理消灭土壤中有害生物，也是解决此类问题的有效措施。土壤消毒技术按操作方式和作用特点，可以分为土壤熏蒸消毒技术、土壤化学灌溉技术（或称灌溉施药技术）、土壤注射技术、土壤颗粒撒施技术等。一般采用手动器械或机动器械将药剂撒施或注射到土壤中，施用前需要对土壤进行翻耕、平整，使土壤处于平、匀、松、润状态，在进行土壤熏蒸消毒处理时，还应覆膜处理，防治药剂逸出土面。化学灌溉技术是指对灌溉（喷灌、滴灌、微灌等）系统进行改造，增加化学灌溉控制阀和贮药箱，把药剂混入灌溉水施入土壤中的施药方法。化学灌溉系统中需要装配回流控制阀，防止药液回流污染水源。这种施药方法安全、经济，防治效果好，避免了机械施药时机具对土壤的压实和对作物的损伤。设施蔬菜的土壤消毒技术如图7-5所示。

图7-5　设施蔬菜的土壤消毒技术

二、设施蔬菜的喷雾设备

设施蔬菜的喷雾设备主要有喷雾器、背负式喷雾喷粉机、机动喷雾机、喷杆喷雾机等。

1. 喷雾器

喷雾器是指一种小型、人力携带、用来喷洒药液的一种植保机械。具有结构简单、价格低廉、使用维修方便、操作容易、适用性广等特点，它是目前我国设施蔬菜生产中使用量最大的一种植保机具。主要分背负式手动喷雾器、背负式电动喷雾器、背负式压缩喷雾器、背负式踏板喷雾器等。

（1）背负式手动喷雾器 由药液箱、连接件、唧筒、气室、出水管、手柄开关、喷杆、喷头、摇杆部件和背带系统组成（图 7 - 6）。

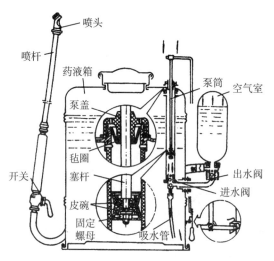

图 7 - 6 背负式手动喷雾器

通过摇杆部件的摇动，使皮碗在唧筒和气室内轮回开启与关闭，从而使气室内压力逐渐升高（最高 0.6MPa），药液箱底部的药液经过出水管再经喷杆，最后由喷头喷出雾来。背负式喷雾器从结构上可分为空气室外置和内置两种，它是我国目前使用最广泛、生产量最大的一种手动喷雾器。

（2）背负式电动喷雾器 由贮液桶、连接头、抽吸器（小型电动泵）、连接管、喷管喷头依次连接构成。背负式电动喷雾器如图 7 - 7 所示。

图 7-7 背负式电动喷雾器

电动喷雾器的优点是消除了农药外滤对操作者的伤害，且电动泵压力比手动吸筒压力大，增大了喷洒距离和范围，雾化效果好，省时、省力、省药。

（3）背负式压缩喷雾器 采用气泵（打气筒）预先将空气压入密闭药箱的上部，对液面加压，再经喷洒部件把药液喷出。它不是持续加压，而是间歇式加压，在喷雾进行到压力下降时即需要再加压，所以也称为预压式喷雾器。为保证压缩式喷雾器较长时间内排液压力稳定，药液只能加到水位线，留出约 30％的药箱容积用于压缩空气。背负式压缩喷雾器如图 7-8 所示。

（4）背负式踏板喷雾器 是一种喷射压力高、射程远的手动喷雾器。踏板式喷雾器适用于果树、桑树、园林及架棚等的病虫害防治。背负式踏板喷雾器如图 7-9 所示。

图 7-8 背负式压缩喷雾器

图 7-9　背负式踏板喷雾器

（5）喷雾器的作业质量规范　根据 NY/T 1013—2006《喷雾器质量评价技术规范》，喷雾器的作业质量应符合表 7-1 的指标要求。

表 7-1　喷雾器的作业质量指标

项　目	型　式		
	单管喷雾器	背负式喷雾器	压缩喷雾器
喷雾性能	按使用说明书规定的频率进行操作，喷雾器应能在额定压力下喷雾。喷雾器在额定压力下喷雾时，雾流量应连续、均匀，雾形完整。		
密封性能	药液箱向任何方向倾斜与垂直线成 45°时，不应有液体从药液盖、通气孔等处漏出。喷雾器在最高工作压力下喷雾，各部件及其连接处不应有渗漏现象。		
密封试验压力	1.0MPa	最高工作压力的 2 倍	0.6MPa
按规定压力进行稳压试验，5min 内的压力下降率	≤10%	≤10%	≤3%
药液箱容量	不小于额定容量的 95%		
可靠性有效度	≥96%	≥96%	≥96%
残留量	—	≤100mL	≤20mL
额定工作压力	0.30～0.70MPa	0.20～0.40MPa	0.15～0.40MPa

2. 背负式喷雾喷粉机

背负式喷雾喷粉机（也称弥雾机）是一种在我国广泛使用的既可以喷雾，又可以喷粉的多用植保机械，是采用气流输粉、气压输液、气力喷雾原理，由汽油机驱动的植保机械。背负式喷雾喷粉机由于具有操纵轻便、灵活机动、生产效率高等特点，广泛应用于设施蔬菜的喷雾作业中。

（1）背负式喷雾喷粉机的类型

①按风机的工作转速分，可分为 5 000、5 500、6 000、6 500、7 000、7 500、8 000r/min 等转速背负式喷雾喷粉机。目前 5 500r/min 以下的背负式喷雾喷粉机的年产量占全部产量的 75% 以上。工作转速低，对发动机零部件精度要求低，可靠性易保证。

②按驱动风机功率大小分，可分为 0.8、1.18、1.29、1.47、1.70、2.1、2.94kW 等背负式喷雾喷粉机。

（2）背负式喷雾喷粉机的构造 背负式喷雾喷粉机主要由离心风机、汽油发动机、药液箱、油箱、喷管和机架等组成。背负式喷雾喷粉机如图 7-10 所示。

图 7-10 背负式喷雾喷粉机

（3）喷雾作业的工作原理 喷雾喷粉机当作喷雾机使用时，药箱内装上增压装置，换上喷头。工作原理：汽油机带动风机叶轮旋转产生高速气流，并在风机出口处形成一定压力。其中大部分高速气流经风机出口流入喷管，而少量气流通过进风门和软管到达药液箱上部对药液增压，药液在风压作用下，经输液管到达弥雾喷头，从喷嘴喷出。喷出的药液流在喷管内高速气流的冲击下，破碎成细小的雾滴，并被吹送到远方，如图 7-11 所示。

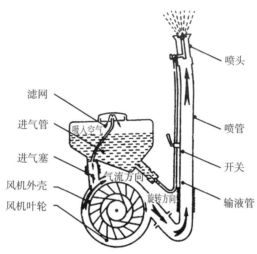

图 7-11　背负式喷雾喷粉机喷雾工作原理

（4）超低量喷雾作业的工作原理　超低量喷雾是通过高速旋转的齿盘将微量原药液甩出，雾化成为直径 $15\sim75\mu m$ 的雾滴，沉降在农作物上。在背负式喷雾喷粉机的喷管处，换装一个风力式离心喷头，即可进行超低量喷雾作业（图 7-12）。工作原理：动力带动风机叶轮高速旋转，风机吹出来的大量气流经喷管流入微量喷头，喷流锥使气流分散，气流冲击喷头叶轮，使之带动齿盘作高速旋转（10 000r/min）；同时一小部分气流经软管进入药箱液面上部对药液增压，药液经输液管和调量开关进入齿盘轴，并从轴上的小孔流出，在齿盘离心力作用下甩出细小雾滴，并被高速气流进一步粉碎，吹送到远方。

（5）背负式喷雾喷粉机的作业质量规范　根据 JB/T 7723.1—2005《背负式喷雾喷粉机　第一部分：技术条件》，背负式喷雾喷

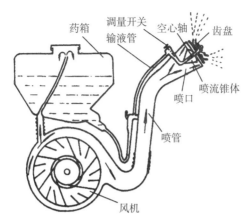

图 7 - 12 背负式喷雾喷粉机超低量喷雾工作原理

粉机的作业质量规范如下。

①背负机配用的汽油机应符合 JB/T 5135.3 的规定。

②背负机各零部件及连接处应密封可靠,作业时不得出现接头脱落及漏药液、漏粉或漏油现象。

③背负机主机净重(不带喷洒装置)、喷洒射程应符合表 7 - 2 的规定。

④背负机装配后,应按使用说明书规定的操作方法进行常温启动试验。手拉启动绳启动方式以次数计算,启动 3 次,启动成功次数应不少于 1 次;手拉自回绳启动方式按时间计算,启动时间不超过 30s。

⑤背负机的喷量应当可以调节。药液开关或粉门调节装置在最大开度时,背负机的水平喷(粉)量应符合表 7 - 2 的要求。

⑥背负机的喷量应均匀一致。喷雾时,雾流应均匀连续,水平喷雾量变异系数不得大于 6%;喷粉时,不允许出现架空、堵塞或团状出粉等现象。作业终了,药箱内的残留药液(粉)量不得超过 0.1kg。

⑦发动机处于怠速运转状态,粉门、风门全闭时,喷口漏粉量不得超过 40g/min。

表 7-2 主要性能指标

汽油机标定功率（kW）	背负机主机净重（kg）	喷雾		喷粉	
		水平射程（m）	水平喷雾量（kg/min）	喷粉幅宽（m）	水平喷粉量（kg/min）
≤0.8	≤10	≥6.0	≥1.2	≥15.0	≥1.5
0.8～1.5	≤12	≥9.0	≥1.5	≥25.0	≥2.0
1.5～2.3	≤13	≥12.0	≥1.8	≥30.0	≥2.5
>2.3	≤14	≥15.0	≥2.4	≥35.0	≥3.5

注：汽油机标定功率指12h功率。

3. 机动喷雾机

（1）机动喷雾机的类型 机动喷雾机是指由发动机带动液泵产生高压，用喷枪进行宽幅远射程喷雾的喷雾机。这类喷雾机具有工作压力大、喷幅宽、效率高、劳动强度低等优点，是一种适用于大田蔬菜的植保机械。

按移动方式不同，机动喷雾机可分为：手推式、担架式、自走式、牵引式等类型（图7-13）。

（2）机动喷雾机的结构 机动喷雾机主要由机架、发动机、液泵、吸水部件、药箱（混药器）、喷射部件组成（图7-14）。

（3）机动喷雾机的安全使用

①对离水源近的蔬菜，配用混药器及喷枪就地吸水、自动混药，进行喷射。对低矮作物及用药量小的作物，须配用喷头直接从药液桶吸药。幼苗期用双喷头，枝叶繁茂的作物用四喷头。

②应根据防治要求确定喷射药液稀释浓度，通过查表或测定方法调整混药器。

③启动机具前，先使调压阀处于卸压位置。启动后，待泵的排液量正常时，逐渐加压至所需压力。

④转移作业地块时，一般应将发动机熄火。如果时间短，也可不熄火，但需先卸压，关闭截止阀，以保证液泵内不脱水，保护机泵。

手推式机动喷雾机　　　　　　　担架式机动喷雾机

自走式机动喷雾机　　　　　　　牵引式机动喷雾机

图 7 - 13　喷射式机动喷雾机

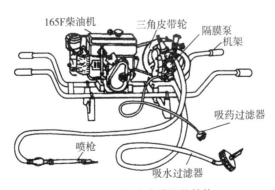

图 7 - 14　机动喷雾机的结构

⑤每天作业结束时，应继续喷洒清水数分钟，清洗液泵和管道内的残留药液，最后排出液泵的存水。把调压手柄向逆时针方向扳开，拧松调压轮，使调压弹簧处于松弛状态。

⑥三缸活塞泵工作200h后，应更换曲轴箱内的机油。更换前，应放尽污油，用汽油或柴油洗净内部，然后注入新润滑油至油位线处。

⑦长期不用，应彻底排净泵内积水，拆下三角皮带、胶管、喷头、喷管、混药器和吸水管等部件，洗净擦干，随同机体集中放在干燥处。

（4）典型机动喷雾机的主要技术参数　典型机动喷雾机的主要技术参数见表7-3。

表7-3　典型机动喷雾机的主要技术参数

典型机型	主要技术参数
28D担架式喷雾器（台州欧玮机械有限公司） 	柱塞泵型号：28D； 流量：15~28L/min； 转速：800~1 000r/min； 工作压力：2.0~3.5MPa； 射程：8~10m； 动力型号：168F； 发动机功率：4.2kW； 使用燃油：90#以上汽油； 机重：27kg（不含胶管及喷枪）
程阳CY-55手推式机动喷雾机（浙江程阳机电有限公司） 	柱塞泵型号：CY-8； 流量：4~60L/min； 转速：800~1 000r/min； 工作压力：2.0~3.5MPa； 射程：8m； 药箱容积：50L； 配套动力：TU26汽油机； 机重：30kg
奥玛克300L打药机 	吸水量：34L/min； 流量：34L/min； 工作压力：2.0~3.5MPa； 射程：12~13m； 药箱容积：300L； 配套动力：TU26汽油机； 机重：105kg

4. 喷杆喷雾机

喷杆喷雾机是一种将喷头装在横向喷杆或树立喷杆上的机动喷雾机，该类喷雾机的作业效率高，喷洒质量好，喷液量分布均匀，广泛用于大田作物的病虫草害防治和叶面肥喷洒。

（1）喷杆喷雾剂的类型

①按与拖拉机的连接方式分，喷杆喷雾机可分为悬挂式、固定式和牵引式三类（图7-15）。悬挂式喷雾机通过三点悬挂装置与拖拉机相连接。固定式喷雾机各部件分别固定地装在拖拉机上。牵引式喷雾机自身带有底盘和行走轮，通过牵引杆与拖拉机相连接。

②按喷杆的型式分，可分为横喷杆式、吊杆式和气袋式三类。

③按机具作业幅宽分，可分为大型、中型和小型三类。

悬挂式喷杆喷雾机

固定式喷杆喷雾机

牵引式喷杆喷雾机

图 7-15　喷杆喷雾机的类型

大型喷幅在 18m 以上，主要与功率 36.7kW 以上的拖拉机配套作业。大型喷杆喷雾机多为牵引式。

中型喷幅为 10～18m，主要与功率 20～36.7kW 的拖拉机配套作业。

小型喷幅在 10m 以下，配套动力多为小四轮拖拉机和手扶拖拉机。

（2）喷杆喷雾机的构造　喷杆喷雾机的主要工作部件包括：液泵、药液箱、喷头、防滴装置、搅拌器、喷杆桁架机构和管路控制部件等（图 7-16）。喷杆喷雾机的液泵主要有隔膜泵和滚子泵两种。适用于喷杆喷雾机的喷头主要有狭缝喷头和空心圆锥雾喷头两种。

图 7-16　喷杆喷雾机

喷杆喷雾机的管路控制部件一般由调压阀、安全阀、截流阀、分配阀和压力表等组成。

（3）单行喷杆喷雾机的主要技术参数 喷杆喷雾机的产品型号有多种，均以自走式为主。由于喷杆喷雾机是在蔬菜地上行驶喷药，通常需要有较高的离地间隙。典型喷杆喷雾机的主要技术参数见表7-4。

表7-4 典型喷杆喷雾机的主要技术参数

典型机型	主要技术参数
3WPZ-600 三轮喷药机（富锦市立兴植保机械制造有限公司）	 发动机动力：16.2kW； 作业速度：6～8km/h； 地隙高度：1 800mm； 药箱容积：400L； 喷幅：9.1m； 喷雾高度：500～3 000mm； 喷雾压力：0.3MPa
3WPX-1000 悬挂式打药机（富锦市立兴植保机械制造有限公司）	 发动机动力：50kW； 作业速度：4～20km/h； 地隙高度：500mm； 药箱容积：300～2 000L，可选； 喷幅：20.8m； 喷雾高度：500mm； 喷雾压力：0.3～0.5MPa； 作业效率：8hm²/h

三、设施蔬菜的喷粉设备

设施蔬菜的喷粉设备主要有：小型电动喷粉器、机动喷粉机等。

1. 小型电动喷粉机

是一种手持式电动喷粉机械，主要由粉箱、风机、电机、传动箱、输粉器、粉量调节器、喷粉管、喷粉头等组成，如图7-17所示。充电后，可以手持进行蔬菜喷粉作业。

2. 机动喷粉机

机动喷粉机通常采用小型汽油机或电动机作为动力，驱动风机

图 7-17　小型电动喷粉器

进行喷粉作业。常用的机动喷粉机为背负式喷雾喷粉机，如图 7-18 所示。

图 7-18　背负式喷雾喷粉机

喷雾喷粉机当作喷粉机使用时，箱内安装吹粉管，把输液管成输粉管。工作原理：发动机带动风机叶轮旋转，产生高速气流。其中，大部分气流经风机出口流入喷管，而少量气流经进风门进入吹粉管。进入吹粉管的气流速度高且具有一定的压力，从吹风管周围的小孔喷出，使药粉松散，并把药粉吹向粉门。喷管内的高速气流使输粉管出口处产生局部真空，大量药粉被吸入喷管，在高速气流的作用下经喷口喷出并吹向远方，如图 7-19 所示。

四、设施蔬菜的喷烟设备

设施蔬菜的喷烟设备主要有：热烟雾机、常温烟雾机等。

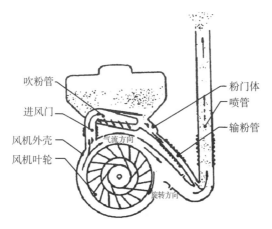

吹粉管

进风门

风机外壳

风机叶轮

气流方向

旋转方向

粉门体

喷管

输粉管

图 7-19 背负式喷雾喷粉管的喷粉工作原理

1. 热烟雾机

（1）热烟雾机的杀虫原理　热烟雾机是利用燃烧所产生的高温气体的热能和高速气体的动能使药剂受热而迅速裂解挥发，雾化成细小雾滴，随自然气流飘移渗透到作物上。均匀、细小的烟雾微粒在空间弥漫、扩散，呈悬浮状态，对密闭空间内杀灭飞虫和消毒处理特别有效。它具有施药液量少、防效好、不用水等优点，适用于果园及棚室内病虫害防治。

（2）热烟雾机的类型　热烟雾机主要分为废气加热式、电加热式和脉冲喷气发动机加热式三种。废气加热式烟雾机利用发动机排出的废气的热量加热药液，使其形成烟雾排出。由于排气管温度较低，烟化效果不好，烟量也不够大，加之重量大，未能得到推广使用。电加热式烟雾机体积小、重量轻，但喷烟量小，适用于室内体积不大且有电源的地方。脉冲烟雾机利用脉冲喷气式发动机作动力，结构简单，重量轻，操作容易方便，同时由于运动件少而使震动小、摩擦少，另外热效率高（可达90%以上），所以具有广阔的应用前景。

（3）热烟雾机的组成　目前常见的是脉冲烟雾机，由脉冲喷气发动机和供药系统组成。脉冲喷气发动机由燃烧室、喷管、冷却装置、供油系统、点火系统及启动系统等组成。供药系统由增压单向阀、开关、药管、药箱、喷雾嘴及接头等构成（图7-20）。

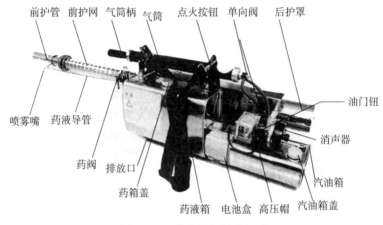

图7-20 热烟雾机结构组成

（4）热烟雾机的安全使用

①在作业前仔细阅读使用说明书，严格按使用说明书要求操作。

②启动热烟雾机前一定要关好药剂开关，启动时将热烟雾机水平放在平整、干燥的地方，附近不得有易燃、易爆物品。

③在作业过程中，发生熄火或其他异常情况，应立即关闭药剂开关，然后停机处理。

④在密闭空间喷热雾，喷量不要过大（每立方米不得超过3mL），不能有明火，不要开启室内电源开关，防止引起火灾。

⑤作业中途需加油、加药，应关机后进行。按先关输药开关、后关油门开关顺序进行，绝不能顺序颠倒。停机10分钟以上再加油。

⑥作业过程中，手或衣服不要触及燃烧室及冷却管，以免烧伤或烫伤。

⑦作业完毕，应先关闭药剂开关，数秒后关油门开关停机。

（5）典型热烟雾机的主要技术参数 典型热烟雾机的外形如

图 7 - 21 所示，其主要技术参数如下：

①启动方式：手动活塞式气筒泵；

②点火方式：自动点火系统；

③烟雾射程：15～30m；

④水雾射程：≥12m；

⑤幅宽：≥6.5m；

⑥药箱容积：6.0L；

⑦油箱容积：1.4L；

⑧机具净重量：约 8kg；

⑨使用烟雾剂：0 号柴油或专用烟雾载体；

⑩使用药剂：有效成分含量高的杀虫剂、高含量可湿性粉剂。

图 7 - 21 典型热烟雾机

2. 常温烟雾机

（1）常温烟雾机的杀虫原理 常温烟雾机是利用压缩空气或高速气流，在常温下使药液雾化成雾滴直径小于 $20\mu m$ "烟雾"的机具。实际上，常温烟雾机是一种弥雾机。

常温烟雾机雾滴平均直径小于 $20\mu m$，可在空间悬浮 2～3h，能较均匀地附着到植株各部位，主要用于温室大棚内作物的病虫害防治，进行封闭性施药。具有省水、省药、雾量分布均匀、穿透性强等特点。作业时，人机分离操作安全可靠，雾滴分布密度可达到 3 000～5 000 粒/cm²，能使作物各部位均匀受药，具有较高的防治效果。

（2）常温烟雾机的构造　以 3YC-50 型常温烟雾机为例（图 7-22），主要由空气压缩机、气液雾化喷射部件、药液箱、轴流风机、电气柜和升降架等组成。喷雾作业时喷射部件安装在升降架上，安置在棚室内，装有空气压缩机、电气柜的动力机组设置在棚室外，操作者在室外通过控制系统进行操作，无须进入棚内。控制喷雾的方式有人工控制和自动控制两种。

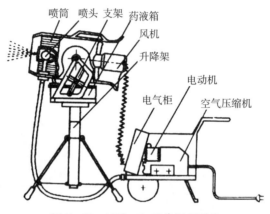

图 7-22　3YC-50 型常温烟雾机

（3）常温烟雾机的使用

①施药前准备。作业以傍晚、日落前为宜，气温超过 30℃ 或大风时应避免作业。检查棚室无破损和漏气缝隙，防止烟雾飘移逸出。使用前用清水试喷，同时检查各连接、密封处有无松脱、渗漏现象。按说明书要求检查调整工作压力和喷量，一般为 50～70mL/min，计算出每个棚室喷雾时间。

②施药作业。空气压缩机组应放置在棚室外平稳、干燥处，喷雾系统及支架置于棚室内中线处，根据作物高度，调节喷口离地 1m 左右，仰角 2°～3°，雾不可直接喷到作物或棚顶、棚壁上，应在喷雾方向 1～5m 距离作物上盖上塑料布，防止粗大雾滴落下时造成污染和药害。启动空气压缩机，压缩气流搅拌药液箱内药液

2～3min后，再开始喷雾。喷雾时操作者无需进入棚室，应在室外监视机具的运转情况，发现故障应立即停机排除。严格控制喷雾时间，到时关机。先关空气压缩机，5min后再关风机，最后停机。穿戴防护衣、口罩进棚内取出喷雾部件，关闭棚室门，密闭3～6h才可开棚（图7-23）。

③施药后机具清洗与存放。作业结束后，先将吸液管拔离药箱，置于清水瓶内，用清水喷雾5min，以冲洗喷头、喷道，然后用拇指压住喷头孔，使高压气流反冲芯孔和吸液管，吹净水液。用专用容器收集残液，然后清洗机具。按说明书要求，定期检查空气压缩机油位是否够，清洗空气滤清器海绵等。应将机具存放在干燥通风的机库内，避免露天存放或与农药、酸、碱等腐蚀性物质放在一起。

图7-23 常温烟雾机的使用

（4）常温烟雾机的作业质量规范 根据JB/T 10753—2007《常温烟雾机》的内容，常温烟雾机的作业质量规范如下。

①在正常喷雾状态下，喷孔出口处不允许有滴液现象。

②药液搅拌均匀度变异系数≤15%。

③风机出风口风速≥8m/s。

④实际喷雾量偏差≤额定喷雾量±10%

⑤药箱内药液残留量≤50mL。

⑥雾滴直径≤25μm。

五、设施蔬菜的土壤消毒设备

设施蔬菜的土壤消毒设备主要有：臭氧水消毒机、蒸汽消毒机、火焰消毒机等。

1. 臭氧水消毒机

臭氧水消毒机是采用变压吸附法（PSA）将空气中的氧气与氮气分离，并滤除空气中的有害物质制成高纯度的氧气，再经过臭氧发生器产生高浓度的臭氧气体，然后通过高效纳米混合发生装置把高浓度的臭氧气体充分溶解在水中。

臭氧与水高效混合，形成高浓度的臭氧水，用于保护地内土壤和空气联合杀菌消毒，能够有效缓解土壤真菌、细菌、病毒等土传病害的侵扰。

臭氧水消毒机集富氧气源、臭氧发生器、高效混合装置于一体（图 7-24）。

2. 土壤蒸汽消毒机

土壤蒸汽消毒机是由蒸汽发生器产生高温蒸汽，通过蒸汽管通入地表覆盖帆布或抗热塑料膜的密闭空间内，利用高压密集的蒸汽杀死土壤中的真菌、细菌、昆虫、线虫以及杂草，如图 7-25 所示。

图 7-24　臭氧水消毒机

图 7-25　土壤蒸汽消毒机

当土壤消毒后，如果不立即使用，应将消毒后的土壤用塑料薄膜予以保护，防止与未消毒土壤接触而污染已消毒土壤。

3. 火焰消毒机

火焰消毒机是将深度30～50cm有病虫害及农药残留的土壤提取到火焰消毒机上，经传送破碎后送入高温箱内，进行瞬间高温灭菌杀虫，同时有效清除土壤中残留的有机药物（图7-26）。火焰高温消毒机可以杀灭土壤中85%以上的害虫、病菌，土壤中线虫的杀灭率为100%。

图7-26　火焰消毒机

土壤通过火焰高温消毒处理后，会出现一个生物真空，此时及时加入生物有益菌，可以迅速占据生态位，挤压有害菌的生存空间。此外，有益微生物产生的糖类物质，与植物根部泌液、土壤矿物质结合在一起，可以改善土壤团粒结构。通过这种补偿的方法，可以比较迅速地重建土壤微生态系统。

第三节　中耕机械化技术

设施蔬菜的中耕机械主要采用旱作中耕机。

一、中耕机的结构

目前，我国普遍采用中耕通用机，它具有中耕、追肥、培土及播种施肥四种功能，可大大提高机具的利用率。中耕状态主要用于除草和松土。

旱作中耕机工作部件（可装配多种工作部件，分别满足作物苗期生长的不同要求）主要有除草铲、通用铲、松土铲、培土铲和垄作铧等，如图 7 - 27 所示。

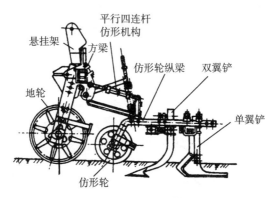

平行四连杆仿形机构

悬挂架　方梁

仿形轮纵梁　双翼铲

地轮

单翼铲

仿形轮

图 7 - 27　旱作中耕机

旱作中耕机根据作物的行距大小和中耕要求，一般将几种工作部件配置成中耕单组，每个单组由几个工作部件组成。各个中耕单组通过一个能随地面起伏而上下运动的仿形机构与机架横梁连接，以保证工作深度一致。通用机架中耕机是在一根主梁上安装中耕机组，也可以换装播种机或施肥机等，因而通用性强，结构简单，成本低。

二、中耕机的使用

以典型中耕培土机（图 7 - 28）为例，介绍其使用要点。

1. 使用前准备

①工作前必须检查发动机及变速箱润滑油是否充足。

②检查传动各部分是否转动灵活、检查各紧固件是否有松动，如有松动必须进行调整。

③检查燃料是否达到标准要求。

④检查有无冷却水，风冷发动机不需检查。

外形

除草轮　　　　　开沟刀　　　　　培土刀

旋耕刀　　　　　分苗器　　　　　压垄轮

工作部件

图 7 - 28　典型中耕培土机与工作部件

⑤检查中耕部件无损坏并正确安装。

2. 操作及使用方法

（1）手柄和把手的操作

①主离合器手柄的操作。启动后，将手把握起即可开动，将把手中控制板与把手同步握起并同步放开即可停止操作。

②上下左右把手的操作。左侧把手的手柄为上、下调整手柄，调整把手的上、下高低位置；右侧把手的手柄为主离合器手柄，调整中耕机主离合器的分离或结合；中间的手柄为左、右调整手柄，调整把手的左、右位置。根据不同的作业条件和方式，可调整把手的位置。

③换挡时为安全起见，应切断主离合器后再换挡。

（2）试机前的检查及汽油机的磨合

①检查主齿轮箱、耕耘部链箱、汽油机齿轮箱是否按规定加注润滑油。

②检查刀具、回转轴及各传动件是否紧固。

③检查各控制杆操作是否灵活并置空挡，主离合器能否起到有效分离。

④汽油机须以怠速动转 2～3h，怠速动转磨合应拆下刀具，以确保安全。

（3）工作深度与前进速度的选择

①整地、松土作业时，前进速度可根据工作深度适当选择，驱动轮应选配两轮驱动，轮距宽度应小于或等于刀具耕宽。

②开沟、培土、整畦、覆土作业时，可根据沟宽要求选择回转轴的类型，配装单橡胶或单铁轮。耕耘箱变速杆应选择高速，以提高回转轴转速，提高培土效果；驱动轮选择低速挡。两侧覆盖则根据覆土要求，配合油门大小做最佳调整。

三、中耕机的作业质量规范

根据 DB62/T 316—2018《中耕机：作业质量》的规定，中耕机的作业质量规范应符合表 7-5 的要求。

表 7-5 中耕机的作业质量规范

序号	项目	性能指标
1	中耕深度合格率（％）	≥95
2	培土高度合格率（％）	≥95
3	培土厚度合格率（％）	≥95
4	土壤蓬松度（％）	≤35.0
5	除草率（％）	≥85
6	作物损伤率（％）	≤45
7	施肥深度合格率（％）	≥95
8	施肥断条率（％）	≤4.0
9	各行施肥量偏差率（％）	±5

四、典型中耕机的主要技术参数

典型中耕机的主要技术参数见表 7-6。

表 7-6 典型中耕机的主要技术参数

典型机型	主要技术参数
华沃牌 ST607 系列田园管理机（潍坊三山机械有限公司）	 配套动力：5.5～7.4kW（7.5～10 马力）；启动方式：手拉式/电启动式；整机重量：90～110kg；开沟宽度：12～40cm；开沟深度：10～40cm；培土高度：10～40cm
亚澳 3ZFM-3 中耕培土盖膜施肥机（西安亚澳农机股份有限公司）	 作业行数：3 行；耕作宽度：(600×3) mm；耕作深度：8～16cm；行距：90～120mm（可调）；配套拖拉机功率：51.5～73.5kW（70～100 马力）；生产率：0.35～1.04hm²/h；作业速度：1～5km/h；培土或起垄犁：锄铲式；肥箱容积：80L；整机重量：870kg

五、杀虫灯

1. 杀虫灯的工作原理

杀虫灯是根据昆虫具有趋光性的特点，利用昆虫敏感的特定光谱范围的光源，诱集昆虫并有效杀灭昆虫，降低病虫指数，防治虫害和虫媒病害的专用装置。主要用于害虫的杀灭，减少杀虫剂的使用。

趋性是指生物在受到外界物理或化学因素刺激时，向着一定方向运动的反应。这种现象在昆虫中比较常见，如趋光、趋温、趋色性等。

杀虫灯在温室大棚内的应用非常普遍，对温室内蔬菜无公害生产和增收都收到了良好的效果。

2. 杀虫灯的类型

（1）**按电源分类**　可分为：交流电杀虫灯、蓄电池杀虫灯、太阳能杀虫灯等。太阳能杀虫灯应用较广。

（2）**按诱虫光源分类**　可分为：火光杀虫灯（如煤油灯）、电转换光（如白炽灯、汞灯和LED灯）杀虫灯等。

（3）**按杀虫方式分类**　可分为：电击式杀虫灯、水溺式杀虫灯、毒杀式杀虫灯、其他方式杀虫灯等。

3. 杀虫灯的构造

杀虫灯的基本构造一般包括：诱虫光源、杀虫部件、集虫部件、保护部件、支撑部件等，如图7-29所示。

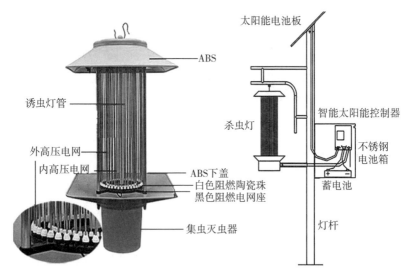

图7-29　杀虫灯的构造

诱虫光源有火堆、煤油灯、白炽灯、荧光灯、紫外灯、高压汞灯、双波灯、频振灯、节能灯、节能宽谱诱虫灯、LED 灯等。杀虫灯一般都以汞灯作诱虫光源。杀虫部件主要结构包括高压发生器（升压器）、杀虫网。

4. 使用

灯光诱虫的有效范围多在 $80\sim100m$ 之间，有效面积多为 $2\sim3hm^2$，但是由于昆虫的种类非常多、存在差异，为了最大限度保证杀虫灯的使用效果，一般都是将杀虫灯的有效面积范围确定为 $1\sim2hm^2$。

杀虫灯光诱的作用距离通常与光源的功率以及它的光波光谱有极大的关系，通常光源的功率在 $10\sim20W$ 内，节能灯的光效高，紫外光灯的光效比较低。另外，灯光诱虫的有效范围还和杀虫灯安装的高度有关，在害虫可看见杀虫灯的距离范围内，杀虫灯安装的位置越高，有效范围也越大，但是由于安装位置太高，不便于人员操作，因此一般最佳的安装高度以 $1.5\sim2.5m$ 为佳。

杀虫灯的主要优点是诱杀昆虫能力强，诱杀害虫种类多，诱杀数量大，应用范围广，面积大。其不足之处是杀伤有益昆虫，杀伤非目标害虫，破坏生物多样性，威胁自然生态平衡。因此，在生产上不能盲目使用。

第四节　灌溉机械化技术

设施蔬菜灌溉主要采用喷灌和微灌，相关的灌溉设备为喷灌系统和微灌系统。

一、喷灌系统

1. 喷灌系统的类型

喷灌系统通常按组装形式来划分类型，主要有：管道式喷灌系统和机组式喷灌系统。

（1）机组式喷灌系统　机组式喷灌系统简称喷灌机，是将喷灌系统的各种部件组装成各种形式的喷灌机组，这类喷灌系统的结构紧凑，使用灵活，机械利用率高，单位喷灌面积的投资较低，在设施蔬菜节水灌溉中具有广泛的使用前景。

喷灌机主要有：手推式喷灌机、手抬式喷灌机、拖拉机悬挂式喷灌机、拖拉机牵引式喷灌机、滚移式喷灌机、纵拖式喷灌机、卷盘式喷灌机、平移式喷灌机等类型。其中，手推式、手抬式、拖拉机悬挂式等轻型喷灌机应用较广。

①手推式喷灌机。水泵与动力机安装在推车上，工作时由人员推动小车移动进行喷灌，如图 7 - 30 所示。

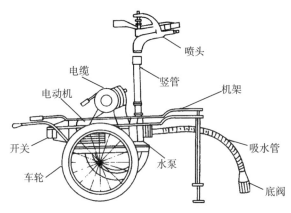

图 7 - 30　手推式喷灌机

②手抬式喷灌机。水泵与动力机安装在机架上，可由两人抬着移动进行喷灌，如图 7 - 31 所示。

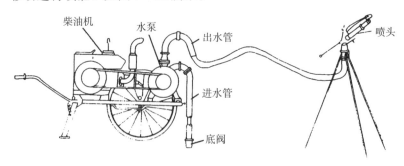

图 7 - 31　手抬式喷灌机

③拖拉机悬挂式喷灌机。水泵安装在拖拉机上,直接由拖拉机驱动进行喷灌,如图 7-32 所示。

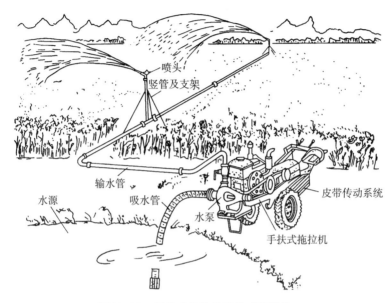

图 7-32　手扶式拖拉机悬挂式喷灌机

(2) 管道式喷灌系统　管道式喷灌系统以输配水管网为主体,灌溉水通过分布在灌溉面积上的各级管道输送、分配到田间各个灌溉部位。管道式喷灌系统是目前最常用的喷灌系统,具有适应性强、技术简单的特点,广泛用于简易设施露地蔬菜和温室蔬菜的灌溉工作。

根据管路是否移动,管道式喷灌系统可分为全固定式、半固定式和全移动式三种。

①全固定管道式喷灌系统。喷灌系统的首部、干、支管都固定在相应的位置,每一次灌溉打开一组支管向喷头供水,故喷头可轮流安装在运行的支管竖管上,以大大减少喷头的使用数量,如图 7-33 所示。

②半固定管道式喷灌系统。喷灌系统的首部、干管是固定的,而支管是可移动的,即在田间只安装一组工作支管和喷头,待喷灌

图 7 - 33　全固定管道式喷灌系统

结束后，将其移动到另一田块再进行喷灌，如图 7 - 34 所示。

图 7 - 34　半固定管道式喷灌系统

　　③移动管道式喷灌系统。水泵、管道和喷头均是可移动的，如图 7 - 35 所示。

　　2. 喷灌系统的组成

　　喷灌系统主要由水源工程、水泵和动力机、输配水管道系统、喷头及附属设备、田间工程等组成，如图 7 - 36 所示。

　　（1）水源工程　喷灌系统的水源工程可以是河流、湖泊、池塘、井水或渠道水等。水源设计保证率要求不低于 85%，且应满足喷灌在水量和水质方面的要求。对于轻小型移动式喷灌机组，应设置满足其流动作业要求的田间水源工程。

图 7-35 移动管道式喷灌系统

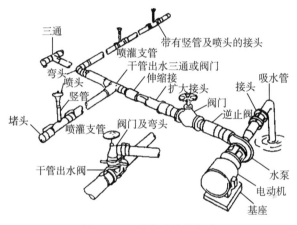

图 7-36 喷灌系统的组成

（2）水泵和动力机 水泵是现代灌溉技术的重要设备。喷灌系统常用的水泵类型包括离心泵、井泵、微型泵、真空泵等。

喷灌系统的动力机主要有电动机、汽油机、柴油机和拖拉机等，通常采用电动机作为水泵的动力机。

（3）管道系统 喷灌使用压力水，一般采用压力管道进行输配水。喷灌管道系统通常分为干管和支管两级，干管起输配水作用，支管是工作管道，支管上按一定间距安装竖管，竖管上安装喷头。压力水通过干管、支管、竖管经喷头喷洒到作物上。

（4）喷头 喷头是喷灌系统最重要的部件，压力水经过它喷射到空中，散成细小水滴并均匀散落到它所控制的灌溉面积上，亦称为喷洒器。它的作用是将水流的压力能量转变为动能，喷射到空中形成雨滴，均匀分配洒布到灌溉面积上，对蔬菜进行灌溉。喷头可以安装在固定或移动的管路上，并与其相匹配的机、泵等组成一个完整的喷灌机或喷灌系统。喷头性能的好坏以及对它的使用是否适当，将对整个喷灌系统或喷灌机的喷洒质量、经济性和工作可靠性等起决定性作用。

按结构形式和喷洒特征，喷头可分为旋转式（射流式）、固定式（散水式、漫射式）、喷洒孔管三类（图 7 - 37）。此外还有一种脉冲式喷头。

旋转式（射流式）喷头

固定式（散水式、漫射式）喷头

喷洒孔管

图 7 - 37　喷头

3. 轻小型喷灌机组的配置方案

以金坛旺达喷灌机有限公司生产的小型喷灌机组为例，介绍轻小型喷灌机组的配置方案。

配置方案1：2.2CP-20手抬式喷灌机组

基本配置：R165柴油机1台，50BP-20喷灌自吸泵1台，ϕ50橡胶进水管8m，手抬式机架及机组安装螺栓。

选配1：ϕ50出水涂塑软管20m，手动喷头1个；

选配2：PY15喷头及支架7套，ϕ50出水涂塑软管105m。

单台单次控制面积：0.16hm^2；组合间距：15m×15m；平均喷灌强度：10mm/h。

灌溉周期：5d；一次性作业时间：2h。

灌溉周期内控制面积：3.15hm^2。

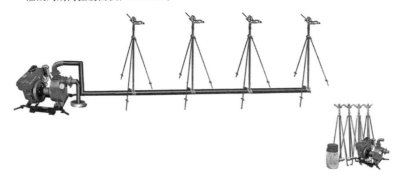

配置方案2：2.9CP-35手抬式喷灌机组

基本配置：170F柴油机1台，50BP-35喷灌自吸泵1台，ϕ50橡胶进水管8m，手抬式机架及机组安装螺栓。

选配1：ϕ50出水涂塑软管20m，手动喷头1个；

选配2：PY30喷头及支架1套，ϕ50出水涂塑软管20m；

选配3：PY20喷头及支架4套，φ50出水涂塑软管72m。

单台单次控制面积：0.13hm²；组合间距：18m×18m；平均喷灌强度：9.2mm/h。

灌溉周期：5d；一次性作业时间：2.2h。

灌溉周期内控制面积：2.60hm²。

配置方案3：4.4CP-45手抬式喷灌机组

基本配置：R175柴油机1台，50BP-45喷灌自吸泵1台，φ50橡胶进水管8m，手抬式机架及机组安装螺栓。

选配1：φ50出水涂塑软管20m，手动喷头1个；

选配2：PY40喷头及支架1套，φ50出水涂塑软管20m；

选配3：PY20喷头及支架6套，φ50出水涂塑软管120m。

单台单次控制面积：0.24hm²；组合间距：20m×20m；平均喷灌强度：8.5mm/h。

灌溉周期：5d；一次性作业时间：2.4h。

灌溉周期内控制面积：3.60hm²。

二、微灌系统

微灌系统是指由水源工程、首部枢纽、输配水管网和微灌灌水器等部分组成的灌溉系统。

1. 微灌系统的组成

微灌系统主要由水源、首部枢纽、输配水管网、灌水器以及流量、压力控制部件和测量仪表等组成（图7-38），微灌系统各部件的功用见表7-7。

首部枢纽是指集中安装在微灌系统入口处的过滤器、施肥（药）装置及测量、安全和控制设备的总称。

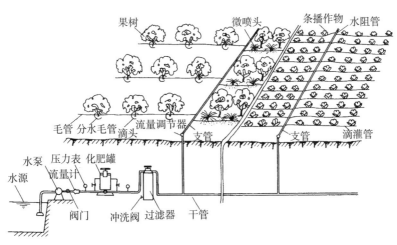

图 7-38　微灌系统的组成

表 7-7　微灌系统的组成及各部件的功用

微灌系统各部件的名称		各部件功用
水源工程		江河、湖泊、水库、水井、渠道水等均可作为微灌水源，但其水质应符合微灌要求。进水池的布置形式及其尺寸大小对水泵的运转性能，特别是对气蚀性能有较大的影响。在设计进水池时，要求池内水流平稳均匀，流速不宜太大，并且不产生漩涡现象。
首部枢纽	水泵	将灌溉水源提压，并输送到各管道。水泵通常采用离心泵、潜水泵或深井泵。
	动力机	驱动水泵工作，动力机通常为电动机或柴油机。
	施肥施药装置	用于将肥料、农药等直接施入微灌系统，应设在过滤装置之前。
	过滤设备	将灌溉水中的固体颗粒滤去，避免污物进入系统造成堵塞。过滤装置应安装在输配水管道之前。
	控制装置	用于对系统进行自动控制，它有定时或编程功能，能根据用户给定的指令操作电磁阀或水动阀，使系统灌水或停灌。

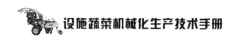

（续）

微灌系统各部件的名称		各部件功用
首部枢纽	流量与压力调节装置	用于测量管线中的流量或压力，包括水表、压力表等。水表用于测量管线中流过的总水量，根据需要可以安装于首部，也可以安装在任何一条干、支管上。若安装在首部，须设于施肥装置之前，以防肥料对其腐蚀。压力表用于测量管线中的水压，在过滤器和密闭式施肥装置的前后各安装一个压力表，可观测其压力差，通过压力差的大小能够判定施肥量的大小和过滤器是否需要清洗。
	阀门	用来控制和调节微灌系统压力、流量的部件，常用的阀门有闸阀、逆止阀、空气阀、水动阀和电磁阀等。
输配水管网		将首部枢纽处理过的水按照要求输送分配到每个单元和灌水器。输配水管网包括干管、支管和毛管三级管道，毛管是微灌系统的最末一级管道，其上安装或连接灌水器。
灌水器		是指微灌系统末级出流装置，包括滴头、滴灌管（带）、微喷头、微喷带等。灌水器的作用是消减压力，将水流变为水滴、细流或喷洒状施入土壤。灌水器大多采用塑料注射成型。

2. 微灌系统的类型

根据灌水器不同，微灌系统可分为：滴灌系统、微喷灌系统、小管出流灌溉系统（涌泉灌系统）和渗灌系统四类（图 7-39）。

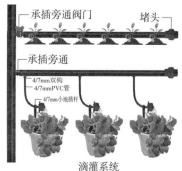

承插旁通阀门　堵头
承插旁通
4/7mm双钩
4/7mmPVC管
4/7mm小地插杆

滴灌系统

微喷灌系统

小管出流灌溉系统（涌泉灌系统）　　　　渗灌系统（渗灌管）

图 7 - 39　微灌系统

　　按输配水管道是否移动，每一种微灌系统又可分为固定式、半固定式和移动式三种。

　　（1）固定式微灌系统（图 7 - 40）　各个组成部分在整个灌水季节都固定不动，干管、支管一般埋在地下，根据条件，毛管有的埋在地下，有的放在地表或悬挂在支架上。

　　固定式微灌系统用于温室大棚蔬菜滴灌，比一般滴灌更省水。

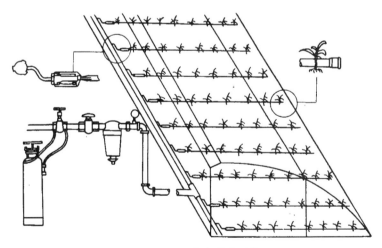

图 7 - 40　固定式微灌系统

　　（2）半固定式微灌系统（图 7 - 41）　首部枢纽、干管、支管

是固定的，毛管连同其上的灌水器可以移动。根据设计要求，一条毛管可在多个位置工作。

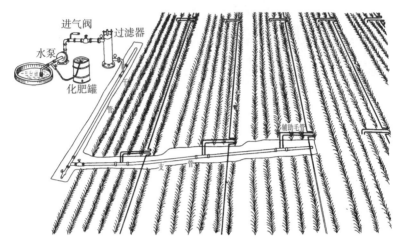

图 7-41 半固定式微灌系统

（3）移动式微灌系统（图 7-42） 首部枢纽固定安装，干管和支管均埋入地下，毛管和滴头一般铺设在地面，但整个灌水期间经常移动。其设备投资较固定式少。用于滴灌、微喷灌、细流灌和管灌，也可用于施肥、喷洒农药。

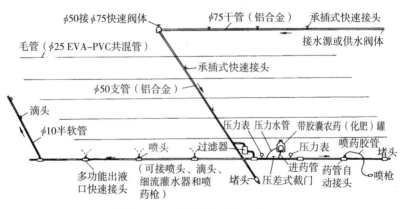

图 7-42 移动式多功能微灌系统

3. 灌水器

把末级管道（毛管）内的压力水均匀而又稳定地浇灌到蔬菜根区附近的土壤中，以满足蔬菜生长对水分的要求。灌水器的优劣直接影响到微灌系统的寿命和灌水质量。

按结构和出流形式可将灌水器分为微喷头、滴头、微喷带（管）、地插微喷头等类型，如图7-43所示。

微喷头是指将有压水流粉碎成细小水滴，实行喷洒灌溉的微小喷头。滴头是指将有压水以水滴状或细流状断续滴出的灌水器。微喷带（管）是指微灌系统中兼有输水和喷水功能的末级管（带）。

微喷头

滴头

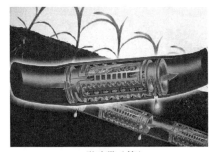

微喷带（管）

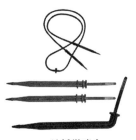

地插微喷头

图7-43 灌水器的类型

4. 施肥施药装置

（1）功用 向微灌系统压力管道内注入可溶性肥料或农药

溶液。

（2）注入方式　主要有压差式施肥罐式、文丘里注入器式、注肥泵式等，如图7-44所示。

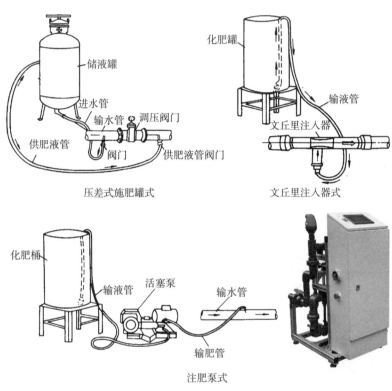

压差式施肥罐式　　　　文丘里注入器式

注肥泵式

图7-44　施肥施药装置

5. 过滤净化装置

清除掉水源中可能造成灌水器堵塞的污染物。微灌系统中灌水器出口孔径一般都很小，极易被水源中的污物和杂质堵塞，因此，对微灌系统来说进行水质净化处理是必不可少的。

微灌系统中对物理杂质的处理设备与设施主要有：拦污栅（筛、网）、沉淀池、过滤器（水沙分离器、砂石介质过滤器、筛网式过滤器、离心过滤器），选择净化设备和设施时，要考虑灌溉水源的水质、水中污物种类、杂质含量，同时还要考虑系统所选用灌水器种类规格、抗堵塞性能等。

6. 控制装置

微灌系统一般采用自动控制装置。自动控制又分为全自动控制和半自动控制两种。

（1）全自动化微灌系统　全自动化微灌系统不需要人直接参与，通过预先编制好的控制程序和根据反映蔬菜需水的某些变量可以长时间地自动启闭水泵以及自动按一定的轮灌顺序进行灌溉。人的作用只是调整控制程序和检修控制设备。系统中，除灌水器（喷头、滴头等）、管道、管件及水泵、电机外，还包括中央控制器、自动阀、传感器（土壤水分传感器、温度传感器、压力传感器、水位传感器和雨量传感器等）及电线等。全自动化微灌系统如图 7-45 所示。

图 7-45　全自动化微灌系统

（2）半自动化微灌系统　半自动化微灌系统在田间没有安装传感器，灌水时间、灌水量和灌溉周期等均是根据预先编制的程序，而不是根据蔬菜和土壤水分及气象状况的反馈信息来控制的。这类系统的自动化程度很不一样，如有的泵站实行自动控制，有的泵站采用手动控制；有的中央控制器只是一个兼有简易编程功能的定时器，还有的系统没有中央控制器，而只是在各支管上安装了一些顺

序转换阀等。半自动化微灌系统如图 7 - 46 所示。

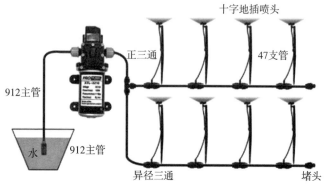

图 7 - 46　半自动化微灌系统

7. 微灌系统的作业质量规范

根据 GB/T 50485—2020《微灌工程技术标准》的规定，用于蔬菜的微灌系统作业质量应符合表 7 - 8 的要求。

表 7 - 8　用于蔬菜的微灌系统作业质量指标

技术指标		微灌方式		
		滴灌	涌泉灌	微喷灌
微灌设计土壤湿润比（%）		60~90	60~90	70~100
设计耗水强度（mm/d）	保护地	2~4	2~4	—
	露地	4~7	4~7	5~8
灌溉水利用系数		≥0.9	≥0.85	≥0.85
灌水器流量偏差率（%）		≤20	≤20	≤20
灌水器制造偏差系数		≤0.07	≤0.07	≤0.07
灌水均匀系数		≥0.8	≥0.8	≥0.8

第八章
设施蔬菜环境调控机械化技术

第一节　概　　述

影响设施蔬菜生产的环境因素主要有温度、湿度、光、气、水、土壤等，本章重点介绍影响蔬菜生长的温度、湿度、光、气体调控的相关设备。

一、设施蔬菜的温度调控

1. 温度调控的目的

根据设施蔬菜不同类型对温度三基点（即最低温度、最适温度、最高温度）进行调控，使蔬菜尽可能在适宜温度环境下进行生长。

适温持续时间越长，生长发育越好，越利于优质、高产。露地栽培适温持续时间受季节和天气状况的影响，设施栽培则可以人为调控。

2. 日光温室的热平衡

白天入射辐射量土壤吸收储藏后，夜间以长波（$3\mu m$ 以上）的形式辐射传导，通过对流和乱流的传导提高空气温度，它决定设施内的保温性（图 8-1）。

3. 温室效应

温室效应是指在没有人工加温的条件下，设施内获得或积累太阳辐射能，从而使设施内温度高于外界的能力。温室效应的产生有两个原因：一是玻璃或塑料薄膜等透明覆盖物可透过短波辐射（320～470nm），又能阻止设施内长波辐射；另一原因是园艺设

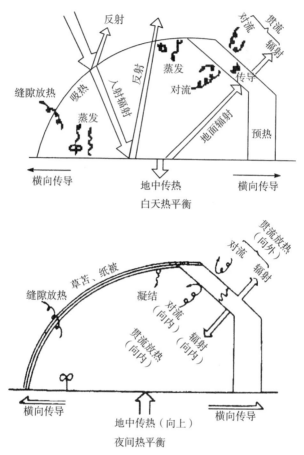

图 8-1 日光温室热平衡示意图

大部分是密闭或半密闭的空间，覆盖物能阻止长波辐射，阻断了内外气体交换或气体交换很弱，使设施内热量得以保留。

4. 温度调控技术

设施蔬菜的温度调控包括加温、降温、保温三个方面。

（1）加温技术与装备　当环境温度低于蔬菜生长的最低温度时，需要对设施蔬菜进行加温。加温的方法主要有火炉加温、热风炉加温、暖气加温、热水加温、日光收集加温、电热温床加温等。

相应主要加温装备有：热风炉、热泵、温室地下蓄热加温装备等。

（2）降温技术与装备 当环境温度高于蔬菜生长的最高温度时，需要对设施蔬菜进行降温，否则生长发育不良，产量下降。

降温的主要方法：一是减少进入温室的太阳辐射能；二是增大温室的潜热消耗；三是增大温室的通风换气量。

降温的主要装备：遮阳网、湿帘、雾化器、卷膜器、通风风机等。

（3）保温技术与装备 当环境温度处于蔬菜生长的最适温度时，则需对设施蔬菜进行保温。

保温的主要方法：一是减少贯流放热和通风换气放热；二是增大保温比；三是增大地表热流量。

保温的主要装备有：玻璃保温膜、棚室外覆盖保温幕等。

二、设施蔬菜的湿度调控

1. 湿度调控的目的

空气相对湿度过高、过低都会影响作物的生长发育，正常的光合作用需要 $60\%\sim70\%$ 的空气相对湿度，$85\%\sim100\%$ 空气相对湿度会抑制呼吸消耗。因此，上午 10 时以后通风降湿有利于光合作用，夜间控制通风、保湿、降温抑制呼吸消耗。

2. 湿度调控方法与装备

设施蔬菜的湿度调控包括除湿、加湿两个方面。

（1）除湿 除湿的方法主要有：①提高棚温，升温降湿；②起垄覆膜，暗灌控湿；③覆盖地膜；④使用除湿机；⑤使用除湿型热交换通风装置等。

除湿的装备主要有：除湿机、除湿型热交换器等。

（2）加湿 当环境相对湿度低于 60% 时，需要对设施蔬菜进行加湿。

加湿装备主要有：加湿机、湿帘、喷雾降温系统等。

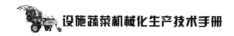

三、设施蔬菜的光照调控

1. 光照环境调控的目的

对设施蔬菜光照环境进行控制，目的是创造良好的光照条件，以利于蔬菜的光合作用和正常的生长发育，提高蔬菜的产量和品质。

光照环境的评价指标主要有：光照强度、光照时数、光质（光的组成）、光分布等。

2. 光照环境调控方法

园艺设施内对光照条件的要求：一是光照充足；二是光照分布均匀。

对设施光照环境调控方法主要有：光强度的调控、人工补光等。

光照调控的装备主要有：卷帘机、遮阳网、钠灯、LED 补光灯等。

四、设施蔬菜的空气环境调控

1. 设施环境的空气成分

设施环境的空气成分主要有氮气、氧气、二氧化碳、有害气体等。

二氧化碳是绿色植物进行光合作用的原料，增加设施环境中的二氧化碳浓度，将会大大促进光合作用，从而大幅度提高产量，因此，二氧化碳又被称为"气体肥料"。

设施环境中出现有害气体，其危害作用比露地栽培影响大得多。设施内常见有害气体有氨气、亚硝酸气、氟化氢、甲烷等。若采用燃煤加温时，还出现一氧化碳、二氧化硫等有害气体。当前大部分设施内的有害气体多来自有机肥腐熟发酵、有毒的塑料薄膜、管道挥发出的有害气体等。

2. 设施空气环境调控的方法

设施空气环境调控方法主要是：①加强通风换气，增加二氧化碳的浓度；②选用环保设施材料，降低有害气体浓度。

3. 设施空气环境调控的装备

设施空气环境调控装备主要有：二氧化碳增施机、通气换气装置、空气电场等。

五、温室环境智能控制系统

将温室环境中的温度、湿度、光照、空气等因素进行综合控制，就构成了温室环境智能控制系统。

温室环境智能控制系统是随着自动化检测技术、过程控制技术、通信技术、计算机技术、无线传输技术、专家系统、物联网技术的发展，而不断发展起来的。

温室环境智能控制系统通过实时采集设施内空气温度、湿度、光照、土壤温度、土壤水分、CO_2 浓度等环境参数，根据蔬菜生长需要进行实时智能决策，为实现蔬菜的健康成长及时调整栽培管理等措施提供及时的科学依据，同时实现监管自动化。

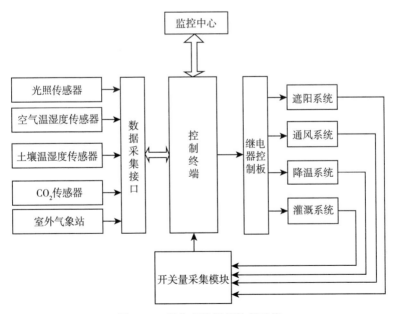

图 8-2 温室环境智能控制系统

第二节　设施蔬菜的温度调控机械化技术

设施蔬菜的温度调控主要包括加温、降温、保温三个方面，相应的装备有加温装备、降温装备、保温装备。

一、加温装备

设施蔬菜的加温装备主要有热风炉、热泵或温室地暖通风加热系统等。

1. 热风炉

（1）热风炉的类型　热风炉是一种通过输出热风对环境空气进行加热的热源设备，可将燃料的热量转移到空气中，提高空气温度。按照燃料类型可分为燃煤热风炉、燃油热风炉、燃气热风炉和生物质热风炉。

（2）热风炉的结构　热风炉的主要组成部件有燃烧室、热交换器、风机等。热空气通过风机和热风输送管道可均匀分布于温室，并在温室内循环流动。受到燃料价格和目标温度的影响，燃煤式热风炉和生物质热风炉常用于拱棚、连栋大棚等中小型温室结构。燃油热风炉使用较少，一般用于智能控制玻璃温室。

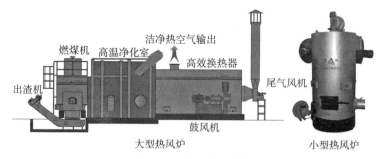

图 8-3　热风炉的结构

2. 热泵

温室热泵又被称为温室地暖通风加热系统。

（1）热泵的类型　热泵是一种将低位热源的热能转换为高位热源的装置，通常是从自然界的空气、水或土壤中获取低品位热能，经过电力做功，然后再向生产提供可被利用的高品位热能。根据热源种类不同，热泵可系统地分为空气源热泵，水源热泵、地源热泵、双源热泵（水源热泵和空气源热泵结合）等，空调就是一种空气源热泵系统。环控连栋温室和智能温室等常用地源热泵和水源热泵。地源热泵是一种利用浅层地热资源（也称地能）的既可供热又可制冷的高效节能设备。通常地源热泵的 COP（性能系数）＞4，即消耗 $1kW \cdot h$ 的能量，用户可以得到 $4kW \cdot h$ 以上的热量或冷量。水源热泵是一种利用自然界水体中能量的供热供冷系统，水源热泵的 COP（性能系数）为 $3.5 \sim 4.5$。

（2）热泵的结构　以地源热泵为例介绍其结构原理。

地源热泵是一种新型的空调系统，可以利用地表浅层的地热能源，主要是地表浅层的土壤或者是地下水吸收的热量，实现高效节能的调控室内温度。

炎热的夏季，地源热泵通过吸收室内空气的热量并将其转移到地下，地下土壤具有很好的吸热能力，通过热量的转换，使室内的空气冷却下来。

寒冷的冬季，通过地源热泵技术将室内空气加热，从而使室内升温变暖。

设施蔬菜的地源热泵系统主要由空调热泵主机、水箱、地埋管道、温室管道、风机等构成（图8-4）。

图8-4　设施蔬菜的地源热泵系统

二、降温装备

设施蔬菜的降温装备主要有卷膜器、加湿降温器、湿帘风机等。

1. 卷膜器

（1）功能　温室大棚电动卷膜器是一种运用于现代设施大棚上的可以取代传统手动卷膜的自动化省力开闭膜设备，可以实现快速的卷、放膜及室内环境的自动控制，具有重量轻、输出扭矩大、行程调节精确度高、调节范围大、电耗低的优点，是现代温室大棚设施实现智能化控制的必要设备。

（2）类型与结构　卷膜器主要由传动箱、卷膜轴、爬升导杆等部件组成。按照驱动方式可分为手动式和电动式；按照传动方式不同可分为爬升式、臂杆伸缩式，爬升式常用于侧墙等垂直表面，臂杆伸缩式还可用于温室屋面等弧形表面。与控制系统配合，卷膜器还可实现精确定位卷膜。

电动卷膜器主要由电机、电源、卷膜机构等组成，如图 8 - 5 所示。

图 8 - 5　电动卷膜器

2. 喷雾加湿降温器

喷雾降温系统是在温室作物冠层以上的空间，喷出粒径极小的漂浮细雾，细雾未降落在作物叶面之前就已蒸发汽化，带走多余热量。根据雾化原理不同，主要分为高压液力雾化、低压气力雾化、离心雾化三种。一般主要由水源、水泵、雾化器、压力管路、喷

头、控制柜等组成。压力水通过喷头后，雾化为直径 0.02～
0.05mm 的雾粒。在自然通风温室中，同时使用室内遮阳网和室内
喷雾系统，可取得较好的降温效果。但喷雾系统会显著提高棚室内
空气湿度，因此不适于夏季高湿气候区域使用。

　　喷雾加湿降温器的组成结构如图 8－6 所示。

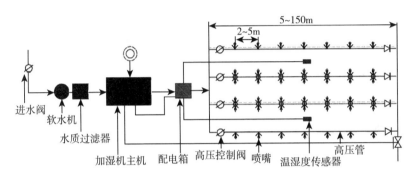

图 8－6　喷雾加湿降温器

3. 湿帘风机

　　（1）湿帘风机的降温原理　湿帘风机降温系统是广泛应用于温
室的降温设备，其将湿帘装在密闭温室一端的侧墙上，风机装在温
室另一端的侧墙上，当风机抽风时，室内产生负压，迫使另一端的
空气通过湿帘多孔湿润表面进入温室，利用水分蒸发吸收热量，使
空气温度下降并源源不断流入室内进行降温（图 8－7）。

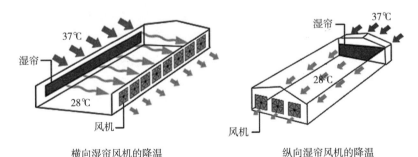

横向湿帘风机的降温　　　　　纵向湿帘风机的降温

图 8－7　湿帘风机的降温原理

湿帘风机只有在外界空气湿度不饱和时才有降温作用,外界空气相对湿度越低,蒸发降温的效果就越好。湿帘风机系统具有产冷量大、运行可靠、效果好等优点,相较于其他降温措施来说,湿帘风机降温是比较经济有效的降温措施。特别在连续晴热天气中午的异常高温时,降温效果特别显著,通过湿帘后的空气温度一般都能降低 $4\sim7℃$。

(2) 湿帘风机的结构　湿帘风机降温系统是由纸质多孔湿帘、水循环系统、风机组成。

三、保温装备

设施蔬菜的保温装备主要有保温幕卷帘机等。

1. 保温幕卷帘机的类型

卷帘机是用于驱动日光温室外保温材料收放的设备。按照卷铺方式可分为卷绳式和卷轴式;按照动力和支撑装置的安装位置可分为前置式、后置式和侧置式;按照减速机结构可分为齿轮式和蜗轮蜗杆式。

2. 保温幕卷帘机的结构

卷帘机由电动机、变速齿轮箱、卷轴、连接销轴、支撑杆等部分组成(图 8 - 8)。

图 8 - 8　保温幕卷帘机的结构

卷帘机安装在冷棚的中间底部,采用支撑杆和减速箱相连接,工作时接通电源,电动机带动减速器工作,减速器的输出轴带动卷轴转动（卷轴与保温被连接），从而完成卷帘作业。

电源开关拨到"正"的位置时，电机转动通过减速器带动卷轴和保温被向上移动，保温幕被卷起，电源开关拨到"倒"的位置时，电机改变转动方向，通过减速器带动卷轴和保温被向下移动，保温幕被展开，一"正"一"倒"完成整个卷帘和放帘的工作过程。

四、温度控制系统

温度控制系统是利用传感器、计算机技术，控制温室温度处于蔬菜正常生长的适宜温度。

温度控制系统由温度传感器、控制器、执行器（包括热风炉、通风风机、湿帘风机、保温幕卷帘机等）等组成，如图8-9所示。

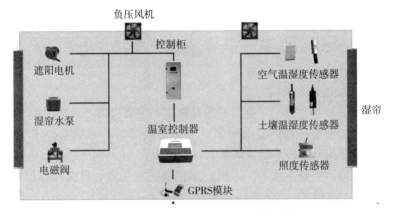

图8-9　设施蔬菜棚室的温度控制系统

温室的温度控制可分为升温和降温控制。一般情况下，白天的升温通过温室覆盖材料的良好采光，形成"温室效应"，积聚热量，使温室温度达到作物生长的适宜温度。如果温室温度达不到作物生长适宜的温度，则启用热风炉进行加温。晚间通过启用热风炉进行加温，并用保温幕铺盖温室进行保温。降温通过打开通风窗或运行系统实现，打开通风窗降温称为自然降温，运行风机湿帘系统称为强制通风降温。降温过程是先打开通风窗进行降温，经过一段时间

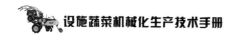

以后检测温室温度，如果温室有降温趋势且降温速度符合要求，就等到温室温度降到设定温度时关闭通风窗。如果没有降温趋势或降温速度缓慢，就关闭通风窗，运行风机湿帘系统进行降温。此时必须关闭通风窗，否则会形成室内外空气流动短路，起不到湿帘降温应有的效果，即强制通风降温与自然通风降温不能同时运行。

第三节 设施蔬菜湿度调控机械化技术

设施蔬菜的湿度调控主要包括加湿和降湿（或除湿）两个方面，相应的装备为加湿装备、降湿装备。

一、加湿装备

加湿装备主要有加湿器、喷雾加湿降温器、湿帘风机等。喷雾加湿降温器、湿帘风机也属于降温装备，在前面已介绍，这里主要介绍加湿器。

1. 加湿器的结构

用于温室大棚的工业加湿器有很多，主要有离心式加湿器、高压微雾加湿器、超声波加湿器、干雾加湿器等，常用离心式加湿器，可对蔬菜大棚不同区域进行加湿降温。

加湿器主要由水箱、电机、雾化盘、雾化齿、导流罩等组成，如图 8 - 10 所示。

2. 加湿器的加湿原理

离心式加湿器是利用高速电机带动复合叶轮旋转产生真空，使水箱内的水在大气压力作用下通过吸水器压至复合雾化叶轮，雾化成 $5\mu m$ 的细雾，后被下进风道的微风，送至出雾口，在出雾口与上进风道的高速气流相汇合，形成高速气雾喷到空气中，气雾与空气中的余热相接触，完全汽化，达到加湿的目的。

离心式加湿器具有加湿速度快、雾化颗粒细、能耗低、性价比高等优势，除了应用于温室大棚外，在很多工业厂房车间也有广泛的应用。

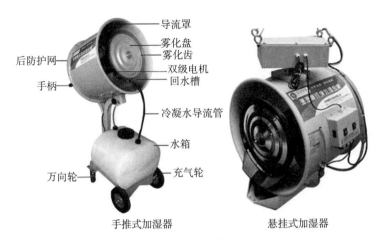

导流罩
雾化盘
雾化齿
后防护网
双级电机
手柄
回水槽

冷凝水导流管

水箱

万向轮
充气轮

手推式加湿器　　　　　　　悬挂式加湿器

图 8 - 10　加湿器的组成

二、降湿装备

降湿装备主要有除湿机、地膜、通风机等，这里主要介绍除湿机。

除湿机由压缩机、热交换器、风扇、盛水器、机壳及控制器组成。其工作原理是：由风扇将潮湿空气抽入机内，通过热交换器，空气中的水分被冷凝成水珠，变成干燥的空气则被排出机外，如此循环使设施内湿度降低。除湿机的构造如图 8 - 11 所示。

图 8 - 11　除湿机的构造

第四节 设施蔬菜光照调控机械化技术

设施蔬菜光照环境的调控主要指光强度调控和补光。相应的装备为光强度调控装备、补光装备。

一、光强度调控装备

光强度调控装备主要包括保温幕卷帘机、遮阳网电机。保温幕卷帘机也属于保温装备，前面已介绍。

遮阳网又称遮光网，覆盖后起到挡光、挡雨、保湿、降温的作用。冬春季覆盖后还有一定的保温增湿作用。

遮阳网由驱动机构进行覆盖、揭开。驱动机构由驱动电机、驱动轴、拉幕齿轮齿条、推杆、支撑滚轮、活动边、连接件等构成，如图 8-12 所示。

图 8-12 遮阳网与驱动机构

二、补光装备

温室内的光照状况要比露地差得多，一般仅为露地的 30%～70%，尤其是在冬季和早春季节，温室内的光照强度常不能满足作物生长的需求，利用人工光源对作物进行补光照射，则可以获得更好的产量和品质。温室中常用荧光灯、高压水银灯、钠灯、LED补光灯等，其中钠灯和 LED 补光灯使用更广泛。

LED（light‑emitting diode）即发光二极管，具有节能、环保、稳定等特性，已经在照明领域得到了广泛的应用。与设施常用人工光源荧光灯和高压钠灯等相比，LED补光灯具有节能性、光谱可调性、良好的点光源性、冷光性以及优良的防潮性等优点，可以对植物近距离照射和对空间的不同位置进行不同波长的逐点照射，以较少的耗能获得较好的补光效果，这样不仅可以实现对密集种植作物的低矮位置和对分层种植作物的按需补光，还可以实现对同一种作物的不同部位的不同种类光的补光。

LED补光装备主要由电源、定时器、LED灯、电线等组成（图8‑13）。

图8‑13　LED补光灯

三、温室光控系统

温室光控系统主要由光照传感器、控制器、执行器（卷帘器、遮阳网电机、补光灯控制器）等组成，如图8‑14所示。

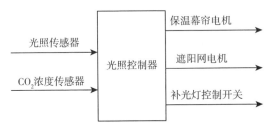

图8‑14　温室光控系统

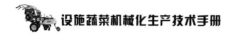

光照传感器用于监测温室内外的光照度，并控制室内光照度，使其保持在设定的光照度内。通过传感器来控制补光设备（如补光灯、遮阳网等）的开启和遮光设备（如遮阳网等）的开启。也可以通过测量温室的 CO_2 浓度，进行温室的光强度自动控制。

第五节　设施蔬菜气体调控机械化技术

设施蔬菜的气体调控主要包括二氧化碳调控、通风换气控制两方面，相应的装备主要有：二氧化碳调控装备、通风换气装备。

一、调控装备

二氧化碳调控装备主要是二氧化碳增施机。产生 CO_2 的原理有很多，下面以蔬菜棚室中采用的烟气电净化二氧化碳增施机为例，介绍其结构和工作原理。

烟气电净化二氧化碳增施机主要由烟气电净化主机、吸烟管、送气管、焦油收集袋等组成（图 8-15）。其中烟气电净化主机包含机箱、高压电源、风机、烟气电净化本体、金属过滤丝球、间歇时间控制器。

二氧化碳增施机是一种能从烟气中获得纯净二氧化碳，并将其均匀地供给温室作物进行光合作用的机电一体化装备。通过风机将燃烧装置排烟管道中的烟气抽入机内，机内电净化腔可对诸如煤、秸秆、油、液化气等任何可燃物燃烧时产生的烟气进行电净化，可有效地将烟气中的烟尘、焦油、苯并芘等有害气体基本脱除，从而从烟气中获得二氧化碳供给作物生长所需。

二、通风换气装备

设施内会产生大量的有害气体，如二异丁酯、乙烯、氯气、氨气、亚硝酸气、二氧化硫等。这些有害气体对蔬菜生长不利，需要及时排放。设施通风换气装备主要有：通风换气机、空气臭氧消毒机、空气电场等。

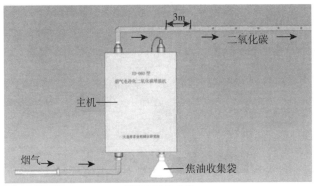

烟气电净化主机

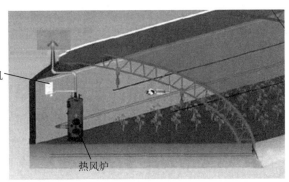

安装使用

图8-15 烟气电净化二氧化碳增施机

1. 通风换气风机

通风换气有自然通风和强制通风两种。自然通风的装备主要为卷膜器。利用卷膜器将温室的塑料薄膜卷起，以进行开窗通风。

强制通风是利用安装在温室内的换气扇进行通风。强制通风的换气扇一般采用轴流式节能通风机，如图8-16所示。

2. 空气臭氧消毒机

（1）功用 温室臭氧灭害技术是利用臭氧的强氧化作用来防治温室病虫害的发生，具有无污染、无残留的特点，对常见的灰霉病、霜霉病等气传病害，疫病、蔓枯病等土传病害效果显著。空气

图 8-16 强制通风换气风机

臭氧消毒机有固定式和移动式两种，移动式臭氧发生器占地面积小，可根据需要随时移动，工作效率更高。

（2）构造 空气臭氧消毒机的构造如图 8-17 所示。

3. 空间电场

（1）空间电场的消毒原理 空间电场防病促生技术是在空间电场力的作用下产生大量的阴阳带电离子，温室内的雾气、粉尘等悬浮物会被这些存在于空气中的带电离子吸附，继而吸附于地面、设施墙壁、作物表面等处，同时附着在雾气、粉尘上的大部分病原微生物也会在高能带电粒子、臭氧的双重作用下被杀死灭活。空间电场技术可以抑制雾气的升腾和粉尘的飞扬，隔绝了气传病害的气流传播渠道，使农业生产环境持续保持少菌少毒状态。

图 8-17 空气臭氧消毒机的构造

（2）构成 在大棚内，安装一个空间电场主机，并架设电极线，接好地线。接通电源后，连接电机线端为正极，地面或作物叶面为负极，这样就在电极线与地面或植物之间形成一个电场。在空间电场中的雾气、粉尘会立刻荷电，受电场力的作用而做定向脱除运动，并迅速吸附于地面、植株表面、温室内结构表面，从而净化设施蔬菜的空气。空间电场的构成如图8-18所示，空间电场的主机如图8-19所示。

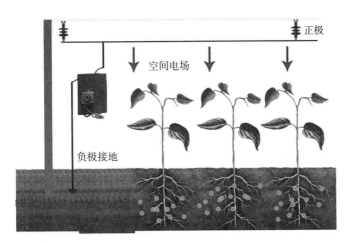

图8-18　空间电场的构成

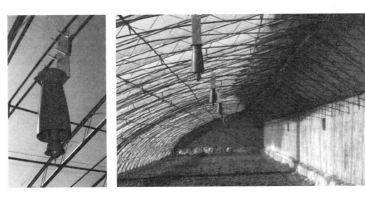

图8-19　空间电场的主机

第九章

设施蔬菜收获机械化技术

第一节 概 述

收获是蔬菜生产过程中最重要的作业环节之一，人工作业用工量多、劳动强度大。我国蔬菜机械化收获起步较晚，机械化作业水平低、技术难度大，也是目前蔬菜生产最薄弱的环节之一。

一、蔬菜机械化收获的特点

1. 叶菜类机械收获的特点

叶菜类蔬菜以叶片、叶柄和嫩茎为食用部位，例如白菜、生菜、菠菜、韭菜、茼蒿等，其种类和品种极为丰富。不同种类和品种的叶菜成熟时的长势和收获后的食用部位不同，对机械化收获提出了不同的要求，进一步加大了机械化收获作业难度。

因叶菜类蔬菜叶片多，纤维易损伤，生长期短，收获时间紧迫，收获技术难度较大。目前，我国叶菜类蔬菜机械化收获技术存在以下问题：一是种植农艺粗放，对机械化收获作业的重视程度低；二是收获机械适应性弱，收获损伤率较高；三是收获机械体量较大，制造成本较高；四是构造较复杂，智能化水平较低。

（1）结球类叶菜的收获特点

①叶球易损伤。球茎是由多个叶片结球而成，叶子鲜嫩，容易受伤。

②形状差异大。结球叶菜有很多品种，每一品种的结球形状都不相同，有平头型、卵圆型和直筒型等。

③球高差异大。由于品种和地区的差异，收获时结球高度差异

大（20～80cm）。

④种植密度（株距和行距）差异大。种植习惯、品种和地区等因素对种植密度有很大的影响，变化范围为30～80cm。

⑤栽培模式整齐。结球叶菜都是条播，作物生长在同一条基线上。

（2）不结球类叶菜的收获特点

①鲜嫩的茎叶极易破损，机械采收一般会造成损伤，使得在收割与运输方面都很难保证叶菜的损伤率及收割质量。

②叶菜种类多种多样，且大多株距不确定，增加了收获机的采摘难度。

③叶菜的采摘切割点一般比较低，所以收获机的采摘装置必须布置得离地较近，同时要防止机架碰及土地，这都加大了收获机械整体结构设计的难度。

④种植地凹凸不平，且大多具有一定的含水量，收获机行走困难。

2. 地下根茎果实类蔬菜机械收获的特点

地下根茎果实类蔬菜是我国重要的经济作物，其种类繁多，其中马铃薯、胡萝卜、大蒜、洋葱等产量和面积均居世界前列。

收获是地下根茎果实类蔬菜机械化生产的重要环节，由于产品生长于地下，其收获作业工序多、劳动强度大、效率低、作业成本高，用工量占生产全过程1/3以上，作业成本占生产总成本50%以上。

地下根茎果实类蔬菜机械化收获可分为分段收获和联合收获两种典型作业模式。分段收获模式是指由挖掘设备完成地下果实挖掘、输送、果土分离、铺条等作业，再由捡拾（联合）收获机完成后续的捡拾、果秧分离、清选、集果、装运等作业工序；联合收获模式是指使用联合收获设备将从挖掘到集果装运等所有工序一次完成的收获方式。在此两种典型机械化作业模式下，不同地下果实类蔬菜的收获工艺和工序也因作物特性及收获要求的不同而呈现一定的差异。

二、蔬菜收获的主要装备

蔬菜的主要收获机械有：根茎类蔬菜收获机械、结球类叶菜收获机械、不结球类叶菜收获机械、茄果类蔬菜收获机械等。

1. 根茎类蔬菜收获机械

根茎类蔬菜品种众多，主要有胡萝卜、大葱、洋葱、大蒜、生姜、山药、马铃薯、莲藕、竹笋、芋头、莴笋、茭白、萝卜等，以地下根或茎为食用部分。

目前，只有少数根茎类蔬菜实现了机械收获，其相应机械有胡萝卜收获机、大葱收获机、洋葱收获机、大蒜收获机、生姜收获机、山药收获机、马铃薯收获机等，如图 9-1 所示。

胡萝卜收获机

大蒜收获机

洋葱收获机

大葱收获机

生姜收获机

山药收获机

图 9-1　根茎类蔬菜收获机类型

2. 结球类叶菜收获机械

结球类叶菜是蔬菜中的一个大类,主要包括结球甘蓝(包心菜)、结球生菜、大白菜、花椰菜等,以叶球为食用部分。根据结球类叶菜的品种不同,主要有甘蓝收获机、大白菜收获机、结球生菜收获机等,如图9-2所示。

甘蓝收获机

大白菜收获机

结球生菜收获机

图9-2 结球类叶菜收获机类型

3. 不结球类叶菜收获机械

不结球类叶菜品种很多,主要有小白菜、菠菜、韭菜、生菜、芹菜、莜麦菜等。主要食用鲜嫩的茎叶,由于茎叶极易破损,机械收获难度大,目前不结球类叶菜收获机械品种较少,主要有小白菜收获机、菠菜收获机、韭菜收获机等,如图9-3所示。

小白菜收获机

菠菜收获机

韭菜收获机

图9-3 不结球类叶菜收获机类型

4. 果菜类蔬菜收获机械

果菜类蔬菜主要指番茄、茄子、辣椒、黄瓜、秋葵等。由于果菜类蔬菜一般都是多次采摘收获，用机械收获很困难，因此发明了果菜类蔬菜采摘机械人，但未广泛推广。而针对加工型的果菜类蔬菜，采取一次性统收的，可采用的机械主要有：番茄收获机、辣椒收获机、黄瓜收获机等，如图9-4所示。

番茄收获机

黄瓜收获机

图 9-4 果菜类蔬菜收获机类型

第二节 根茎类蔬菜收获机械化技术

根茎类蔬菜的食用部位是根或茎，由于其品种繁多、生长环境各异，机械收获困难。目前已实现机械化收获主要是胡萝卜、大蒜、洋葱、大葱、生姜、山药、马铃薯等。

一、胡萝卜收获机

1. 胡萝卜收获作业流程

胡萝卜收获作业的主要流程如下：

挖掘 → 起拔 → 夹持输送 → 根茎清土 → 缨叶切除 → 集装

2. 胡萝卜收获机的类型

（1）按同时收获的行数分 可分为单行、双行、多行胡萝卜收获机，其中单行较多。

（2）按行走方式分 可分为牵引式胡萝卜收获机、自走式胡萝卜收获机（图 9-5）。

大型侧牵引联合收获机作业效率高，适合大面积作业。自走式中小型收获机结构紧凑，配套动力小，适用于小地块作业，我国主

牵引式

自走式

图 9-5　胡萝卜收获机的类型

要采用自走式胡萝卜收获机。

3. 胡萝卜收获机的结构

胡萝卜收获机通常由挖掘铲、限深轮、条式升运链、抖动轮和铺条器等部件组成。作业时，挖掘铲将胡萝卜及土壤一并挖起，由条式升运链向上输送，在输送过程中升运链随抖动轮上下振动，使附着在胡萝卜表面的土块破碎并分离，从链条间隙中落下；胡萝卜被送到后部落入铺条器，被成条铺放，便于后续作业。自走式胡萝卜收获机的结构如图 9-6 所示。

二、大蒜收获机

1. 大蒜收获作业流程

大蒜收获作业的主要流程如下：

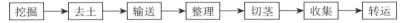

| 挖掘 | → | 去土 | → | 输送 | → | 整理 | → | 切茎 | → | 收集 | → | 转运 |

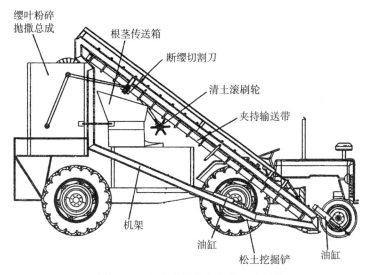

缨叶粉碎抛撒总成

根茎传送箱

断缨切割刀

清土滚刷轮

夹持输送带

机架

油缸

松土挖掘铲

油缸

图 9 - 6　自走式胡萝卜收获机的结构

2. 大蒜收获机的类型

按作业集成程度分，可分为大蒜挖掘机或半机械化收获机、大蒜联合收获机等，如图 9 - 7 所示。

大蒜挖掘机　　　　　　　　　　大蒜联合收获机

图 9 - 7　大蒜收获机的类型

大蒜联合收获机可一次完成对大蒜的挖掘、去土、输送、整理、切茎、收集、转运等农艺作业。大蒜半机械化收获机是将大蒜

从地里挖掘出来，铺放成条或堆，然后再由人工完成收获的后续环节。这类收获机功能单一，可以节省一些体力，难以实质性提高劳动效率。

3.大蒜收获机的结构

以半喂入自走式大蒜联合收获机为例，介绍其结构原理。

半喂入自走式大蒜联合收获机主要由动力行走底盘、分禾器、扶禾装置、挖掘铲、清土装置、夹持输送装置、对齐切秧装置、清选装置、抛秧装置、集果系统等组成，其整体结构配置如图9-8所示。

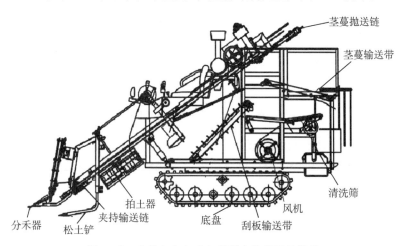

图9-8 半喂入自走式大蒜联合收获机的结构

整机进行大蒜收获作业时，分禾、扶禾装置将作业幅宽内的植株与两侧分开并扶起，挖掘铲将大蒜的主根铲断并松土，植株被输送链夹持向后输送同时被拔起。在夹持输送前段底部设有清土机构，拍落大蒜根部的土壤，由夹持输送机构送入对齐切秧装置，由安装在果秧分离段的圆盘割刀将蒜果与茎秆割断，切下的蒜果落入下方的刮板输送带，并升运至下方配有风选装置的振动清选筛上，实现进一步清土，随后通过振动筛尾部增设的软面盖板落入下方的集果箱中，脱果后的蒜秧继续被夹持向后输送，由抛草链抛送落至秧蔓输送带从机器后端排出，成条铺放在已收区地面。

三、洋葱收获机

1. 洋葱收获作业流程

洋葱收获较其他根茎类蔬菜要复杂，主要作业流程如下：

2. 洋葱收获机的类型

根据完成作业功能的多少，洋葱收获机主要分为一次完成一项功能的分段式收获机和一次可完成几项功能的联合收获机两大类（图9-9）。

洋葱挖掘机（分段式）

联合式洋葱收获机

图9-9 洋葱收获机的类型

3. 洋葱收获机的结构

（1）洋葱挖掘机 洋葱挖掘机与马铃薯挖掘机构造基本相同，

只是改变了挖掘深度，主要由悬挂或牵引连接装置、挖掘铲、变速箱、传动装置、振动筛、分离机构等组成，这种机型结构简单，作业效果好，但功能单一且生产效率低。

（2）牵引式洋葱联合收获机　主要由发动机、行走装置、变速箱、传动装置、挖掘部件及输送、分离、清选、提升、卸料装置等组成。

作业时拖拉机牵引收获机前行，挖掘铲将洋葱挖起，通过输送筛将其运至摇臂筛分离土壤与作物。

牵引式洋葱联合收获机能一次完成切秧灭秧、挖掘、输送、分离、铺条、捡拾、清选、装运等作业，适合收获大面积种植的洋葱，且生产率高、作业效果好，缺点是机械的结构复杂。

4. 洋葱收获机的作业质量规范

根据 DB23/T 1714—2016《畦作洋葱收获机作业质量》的规定，在土壤绝对含水率≤25%，土壤坚实度≤650kPa 的条件下，洋葱收获机的作业质量应符合表 9-1 的指标要求。

表 9-1　洋葱收获机的作业质量规范

项目	指标
埋葱率（%）	≤5
漏挖率（%）	≤5
伤葱率（%）	≤5
损失率（%）	≤10

四、大葱收获机

1. 大葱收获机的类型

大葱收获机主要有三种型式：一是与拖拉机配套的振动铲式挖掘机；二是轮齿式和链轮齿式，只能在葱侧开沟，便于人工拔出；三是自带动力平台的联合大葱收获机（图 9-10），一般由挖掘铲、夹持机构、升运机构、铺放平台构成，可自动或人工打捆收集。该机型也有牵引式的。根据葱的特性，机型在结构和功率上差别较大，章丘大葱根深叶茂，收获难度比较大，要求机具功率大，结构坚固。大葱收获机以单行作业为多，两行的较少。

振动铲

轮齿式

联合式

图 9-10　大葱收获机的类型

2. 大葱收获机的结构

以大葱联合收获机为例，介绍其结构原理。大葱联合收获机主要由行走系统、传动系统、挖掘装置、清送装置、夹送装置、扭铺装置等组成，可一次性完成大葱的挖掘、清土、升运、铺放等作业。其中，旋松刀组与 V 形铲构成挖掘装置；杆式输送链与清土辊构成清送装置。大葱联合收获机的具体结构如图 9-11 所示。

大葱收获作业时，借助调整液压油缸控制挖掘深度及导向轮的位置，通过左右导向轮辅助对行，依托橡胶履带行走系统跨垄前行。旋松刀组将葱垄两侧土壤旋松并分别抛向两外侧，配合 V 形铲完成大葱的分层、分步挖掘。挖切下的大葱在杆式输送链的输送

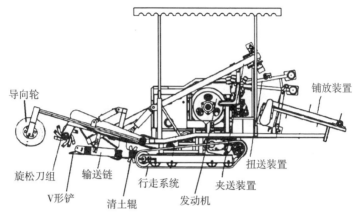

导向轮
铺放装置
旋松刀组　输送链　行走系统　夹送装置
V形铲　清土辊　发动机　扭送装置

图9-11　大葱联合收获机的结构

下抬升并完成初次清土后被夹持输送，后方的清土辊对大葱根部的土壤进行二次滚动清土。在扭送机构及铺放机构的作用下，大葱由竖直夹送到横向输送，完成有序平铺。

五、生姜收获机

1. 生姜收获机的类型

按生姜收获方式不同，可分为挖掘式生姜收获机和提拉式生姜收获机，如图9-12所示。

挖掘式生姜收获机

提拉式生姜收获机

图 9 - 12　生姜收获机的类型

挖掘式生姜收获机的工作原理是采用挖掘铲，深松生姜的地下土层，然后人工提拉出来。

提拉式生姜收获机的工作原理是用皮带夹紧姜苗，后面的皮带轮比前面的皮带轮高，机具前行将生姜从地里提拉出来。

2. 生姜收获机的结构

以提拉式生姜收获机为例，介绍生姜收获机的结构原理。

提拉式生姜收获机主要由发动机、变速箱、机架总成、割台总成及行走装置等组成，如图 9 - 13 所示。

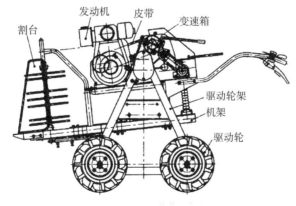

图 9 - 13　提拉式生姜收获机的结构

发动机的动力通过皮带传到变速箱，变速箱动力一部分输出到工作装置进行生姜挖掘作业，一部分动力驱动行走装置前进。变速箱动力切断可以通过皮带的张紧装置实现。通过牙嵌式离合器可以实现切断生姜挖掘作业动力，从而实现生姜挖掘作业和行走相互独立。

割台由分禾器和左右喂入辊组成，喂入辊的拨禾轮向内旋转，实现姜苗的顺利导入。采用四轮驱动，能适应高低不平的地形。

六、山药收获机

1. 山药收获机的类型

山药因生长深，种植与挖掘难度均比较大，因此均采用开沟方式。山药收获机主要有链式开沟机和旋钻式开沟机（图 9 - 14）。

链式开沟机　　　　　　　　　旋钻式开沟机

图 9 - 14　山药收获机的类型

2. 山药收获机的结构

以旋钻开沟式山药收获机为例，介绍其结构原理。

旋钻开沟式山药收获机通常悬挂在拖拉机上，也可以有自主底盘。悬挂在拖拉机上的旋钻开沟式山药收获机主要由机架、升降油缸、横向排土螺旋、链式开沟机构、振动挖掘摆动机构、挖掘铲以及变速箱、传动机构等组成，如图 9 - 15 所示。

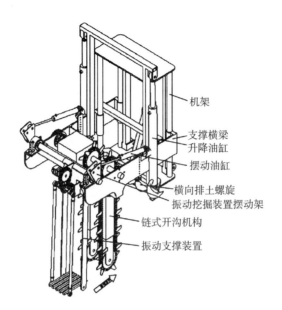

机架

支撑横梁
升降油缸
摆动油缸
横向排土螺旋
振动挖掘装置摆动架
链式开沟机构
振动支撑装置

图 9-15　旋钻开沟式山药收获机的结构

　　挖掘振动松土装置主要由支撑支架及其辅助机构、挖掘支撑支架、液压油缸、固定螺栓与支撑侧板壁、转动横梁、传动链轮和链条、液压马达、偏心轮、格栅振动式挖掘铲、可调长度振动连杆等构成。

　　山药收获作业时，拖拉机发动机自带液压油泵输出的液压油带动液压马达驱动大链轮转动，大链轮通过传动链条带动传动轴上的小链轮转动，偏心轮带动可调长度振动连杆上下往复运动，进而带动挖掘铲围绕支撑臂架下端的横梁上下摆动，实现对山药土壤的抖动震碎，从而将生长深度达 1.5m 的山药挖掘出来。

七、马铃薯收获机

1. 马铃薯收获作业流程

马铃薯收获作业的主要流程如下：

收获前灭秧处理 → 挖掘 → 分离 → 铺放 → 捡拾 → 分级 → 装运

2. 马铃薯收获机的类型

根据收获过程完成的程度，马铃薯收获机可分为挖掘机、联合收获机两种基本类型（图9-16）。

马铃薯挖掘机　　　　　　　　　马铃薯联合收获机

图9-16　马铃薯收获机的类型

3. 马铃薯收获机的结构

以马铃薯挖掘机为例，介绍其结构原理。

马铃薯挖掘机一般由限深轮、挖掘铲、抖动输送链、集条器、传动机构和行走轮等组成，如图9-17所示。它在带有悬挂装置的拖拉机的牵引下可快速高效地收获马铃薯，一次完成挖掘、分离、铺晒工作，同时明薯率高，损伤率小。

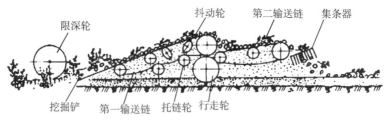

图9-17　马铃薯挖掘机的结构

4. 马铃薯收获机的作业质量规范

根据NY/T 2464—2013《马铃薯收获机　作业质量》的规定，马铃薯挖掘机的作业质量应符合表9-2的要求，马铃薯联合收获机的作业质量应符合表9-3的要求。

表9-2　马铃薯挖掘机的作业质量规范

序号	检测项目	作业质量指标
1	伤薯率（%）	≤3
2	破皮率（%）	≤3.5
3	明薯率（%）	≥96

表9-3　马铃薯联合收获机的作业质量规范

序号	检测项目	作业质量指标
1	伤薯率（%）	≤3.5
2	破皮率（%）	≤4
3	含杂率（%）	≤4
4	损失率（%）	≤4

第三节　结球类叶菜收获机械化技术

结球类叶菜种类较多，本节主要介绍结球甘蓝、大白菜、结球生菜的收获机械。

一、结球甘蓝收获机

1. 结球甘蓝收获作业流程

结球甘蓝收获作业的主要流程如下：

切根 → 拾取 → 整理 → 清理残叶 → 装箱

2. 结球甘蓝收获机的类型

（1）按收获行数分　结球甘蓝收获机可分为单行、双行和多行（四行）等基本类型。

（2）按行走形式分　结球甘蓝收获机可分为自走式、牵引式和悬挂式，如图 9-18 所示。

就行走形式而言，收获机本身就具有动力，直接由驾驶员操纵驾驶的是自走式甘蓝收获机；通过牵引装置牵挂在农用拖拉机的后面，由拖拉机牵引来实现作业的是牵引式甘蓝收获机；通过悬挂装置悬挂在农用拖拉机上，并与拖拉机一块整体运动的是悬挂式甘蓝收获机。

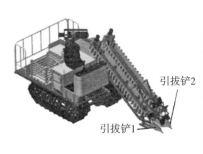

自走式

牵引式

悬挂式

图 9-18　结球甘蓝收获机的类型

（3）按收获方式分　结球甘蓝收获机可分为一次性收获机和多次选择性收获机。

3. 结球甘蓝收获机的结构

以悬挂式结球甘蓝收获机为例，介绍其结构原理。

悬挂式结球甘蓝收获机的结构如图 9-19 所示。作业时甘蓝由导向圆锥体引向螺旋输送器，经整平后，将甘蓝引向圆盘刀，切除甘蓝根部，由弹性橡胶带和梯形折弯铁杆组合而成输送器压紧甘蓝头部输送到接收装置，输送带张紧调节装置可适应不同大小的甘蓝。由带螺旋导槽的旋转柱体构成叶子分离螺旋器在输送过程中去除外包叶，液压缸可以调节收割高度。

图 9-19　结球甘蓝收获机的结构

二、大白菜收获机

1. 大白菜收获作业流程

大白菜收获作业的主要流程如下：

2. 大白菜收获机的类型

大白菜收获机主要有自走式大白菜收获机、悬挂式大白菜收获机等，如图 9-20 所示。

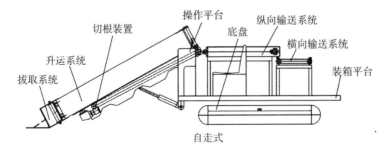

自走式

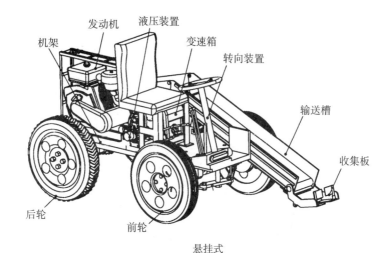

发动机　液压装置
机架　　　　　　变速箱
　　　　　　　　　　转向装置
　　　　　　　　　　　　　输送槽
　　　　　　　　　　　　　　收集板
后轮
前轮

悬挂式

图 9-20　大白菜收获机的类型

自走式大白菜收获机主要由履带式动力底盘、收获拔取系统、切根装置、升运系统、人工分拣装箱平台等构成。采用单行拔取式收获的作业方式，向上输送过程中双圆盘装置切根，切根后的大白菜输送至人工分拣装箱平台，进行分拣装箱，完成收获作业。

悬挂式大白菜收获机的作业过程为：扶茎器将大白菜扶正，切削刀将白菜根切断，然后提升机构将白菜运输到输送机构上，输送机构再将大白菜运输到装箱部件，最后把装满大白菜的箱子摆放在拖拉机后带的车厢内。

3. 大白菜收获机的结构

以悬挂式大白菜收获机为例，介绍其结构原理。

悬挂式大白菜收获机侧悬挂在拖拉机上，主要由螺旋升运机构、夹持皮带、圆盘割刀和横向工作台等组成，如图 9-21 所示。白菜在引拔与搬运过程中，根茎部被旋转的圆盘割刀切断，白菜经工作台进入集装箱。收获方式为单行收获，采用液压调节装置调节收割台的高度。螺旋升运机构与水平面成 15°倾斜安装。

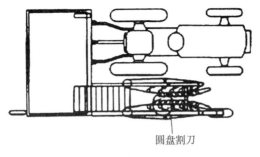

圆盘割刀

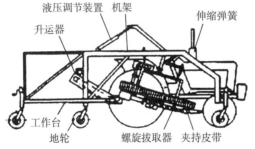

液压调节装置　机架　　　　伸缩弹簧

升运器

工作台　　　　螺旋拔取器　夹持皮带
地轮

图 9-21　悬挂式白菜收获机的结构

三、结球生菜收获机

1. 结球生菜收获作业流程

结球生菜收获作业的主要流程如下：

切根 → 拾取 → 清理残叶 → 装箱

2. 结球生菜收获机的类型

结球生菜收获机主要有自走式生菜收获机、悬挂式生菜收获机等。

3. 结球生菜收获机的结构

自走式生菜收获机主要由履带底盘、切割刀、夹持输送带、整理平台等组成（图 9-22）。先进的机型带有自动对行功能和自动润滑系统，带锯齿的圆盘刀片在电动液压感应系统控制下可调整切割高度。

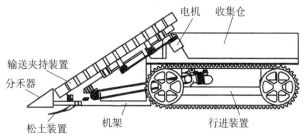

图 9-22　自走式生菜收获机的结构

第四节　不结球类叶菜收获机械化技术

不结球类叶菜的种类繁多，本节主要介绍小白菜、菠菜、韭菜的收获机械。

一、小白菜收获机

1. 小白菜收获作业流程

小白菜收获作业的主要流程如下：

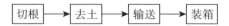

2. 小白菜收获机的类型

小白菜收获机有手扶式、乘坐式之分，如图 9-23 所示；按动力类型划分有电动、油动和电油混动等几种。

手扶式

乘坐式

图 9 - 23　小白菜收获机的类型

3. 小白菜收获机的结构

以手扶式小白菜收获机为例，介绍其结构原理。

手扶式小白菜收获机主要由发动机、切割器、输送带、收集箱、行走装置等组成，如图 9 - 24 所示。

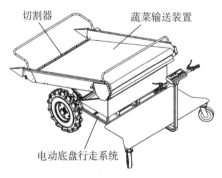

切割器　　蔬菜输送装置

电动底盘行走系统

图 9 - 24　手扶式小白菜收获机的结构

手扶式小白菜收获机一般采用电动机作为动力，来驱动收获机作业和行驶。小白菜收获机在进行茎叶类蔬菜收割时，通过电动底盘行走系统实现整机的田间行走；通过电动往复切割器实现蔬菜的根部切割；通过行走系统实现蔬菜的推入，使蔬菜进入输送装置；

通过蔬菜输送装置实现蔬菜的输送收集。

二、菠菜收获机

1. 菠菜收获作业流程

菠菜收获作业的主要流程如下：

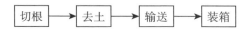

切根 → 去土 → 输送 → 装箱

2. 菠菜收获机的类型

（1）按行走方式分　可分为手扶式、乘坐式等菠菜收获机（图9-25）。

（2）按动力分　可分为电动式、汽油机式、油电混动式等菠菜收获机。

手扶式

乘坐式

图9-25　菠菜收获机的类型

3. 菠菜收获机的结构

手扶式菠菜收获机通常采用整株连续收获方式，采用电动机为动力。主要结构包括：机架、拔取输送装置、根土铲切装置、行走装置和动力装置，如图 9‑26 所示。

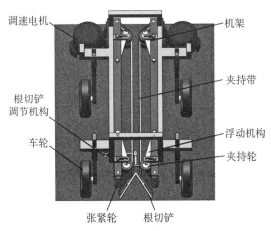

图 9‑26　手扶式菠菜收获机的结构

机架用于支撑和固定其他装置；夹持输送装置包括支架、浮动辊、支撑辊和柔性带等部件，用于将断根后的菠菜夹持并输送至菜筐中；根土铲切装置包括棘轮、棘爪与根切铲等，用于铲切菠菜的根系并松动土壤；行走装置包括轮子与轮子固定杆，用于整机在地面的行走和调整整机与地面的角度；动力装置包括电机、电机架、链轮、链条等，用于提供并传输动力，驱动整个收获机的运行。

手扶式菠菜收获机作业时，先由根切铲进入土壤铲断菠菜根并松动土壤将菠菜抬升聚拢，之后由拔取输送装置进行菠菜的夹持运输，完成菠菜收获。

三、韭菜收获机

1. 韭菜收获流程

韭菜收获作业的主要流程如下：

切割 → 传送 → 收集

2. 韭菜机械收获作业的要求

（1）将韭菜从根部（叶的底部）切断，且不能损伤韭菜根部，以免影响下一茬韭菜的收成。

（2）韭菜的割茬高度应一致，否则影响下一次收割及后续加工。

（3）不能碾压到附近的韭菜及割茬。

（4）韭菜适于晴天清晨收割，收割时刀口距地面 20～40mm，以割口呈黄色为宜，割口应整齐一致。两次收割时间间隔应在 30d 左右。

3. 韭菜收获机的类型

韭菜收获机开发较晚，目前主要为小型韭菜收割机。采用电动机驱动，主要用于设施韭菜的收割，如图 9-27 所示。

图 9-27　小型韭菜收割机

4. 韭菜收获机的结构

韭菜收割机主要由电动机、切割装置、传输装置、收集装置、行走机构等组成，如图 9-28 所示。

作业时，根据韭菜种植地的土壤情况与韭菜的种植行距，调节割幅；将分禾器与割刀调整到合适的水平位置，再使用扳手调节割刀，将割刀调整到合适的竖直位置；操控驱动轮行走，割刀与输送机构开始切割与输送。

机具行走与切割过程中，机具前端设置的行走轮紧贴地面行走，使割刀对地面进行仿形，保证韭菜的割茬高度一致。

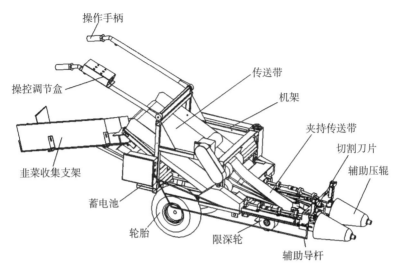

图 9-28　韭菜收割机的结构

第五节　果菜类蔬菜收获机械化技术

果菜类蔬菜种类繁多，很多品种未能实现机械收获，本节主要介绍番茄、辣椒、黄瓜的收获机械。

一、番茄收获机

1. 番茄收获作业流程

番茄收获机主要应用于加工型番茄的收获，采用统收、一次性收获方式。鲜食用的番茄收获机还没有大量推广应用。番茄收获作业的主要流程如下：

切割 → 捡拾 → 输送 → 果秧分离 → 分选 → 装箱

2. 番茄收获机的类型

番茄收获机主要针对露地加工番茄的一次性的收获作业，通常采用联合收获作业机械（图 9-29）。按有无色选分级装置，可分为无色选装置的番茄收获机、有色选装置的番茄收获机。

设施棚室的番茄，一般采用番茄机器人采摘（图9-30），但还未大面积推广应用。

图9-29　番茄收获机

图9-30　番茄采摘机器人

3. 番茄收获机的结构

以自走式番茄收获机为例，介绍其结构原理。

自走式番茄收获机主要由割台、输送装置、分离装置、色选装置、动力系统、行走装置、控制部件等组成，如图9-31所示。

作业时，番茄果秧由往复式割刀割断，番茄秧及果实被捡拾装置捡拾后随输送带至果秧分离装置进行果秧分离，经过间隙时可排出一部分的泥土等杂质，分离后的番茄秧随回收输送带排出，果实随加工输送带至分选装置进行分选。经过鼓风机时可进一步去除碎片等杂质。分选装置中不符合要求的果实被剔除，符合要求的果实

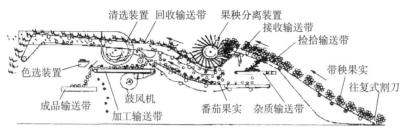

清选装置　回收输送带　　果秧分离装置

接收输送带

捡拾输送带

色选装置

带秧果实

成品输送带

鼓风机

加工输送带

番茄果实　杂质输送带

往复式割刀

图9-31　自走式番茄收获机的结构

则输出装车。

4. 番茄收获机的作业质量规范

根据 NY/T 1824—2009《番茄收获机作业质量》的规定，番茄收获机的作业质量应符合表9-4的要求。

表9-4　番茄收获机的作业质量规范

序号	检测项目名称	作业质量指标	
		有色选装置	无色选装置
1	收获总损失率（%）	≤4.5	≤4.5
2	外来杂质含杂率（%）	≤3	≤3
3	二类杂质含杂率（%）	≤5	≤8
4	破损率（%）	≤5	≤5
5	油污染	果实无油污染	果实无油污染

二、辣椒收获机

1. 辣椒收获作业流程

辣椒收获机主要应用于加工型辣椒的收获，采用统收、一次式收获方式。辣椒收获作业的主要流程如下：

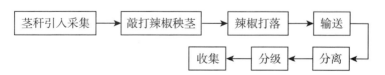

茎秆引入采集 → 敲打辣椒秧茎 → 辣椒打落 → 输送

收集 ← 分级 ← 分离

2. 辣椒收获机的类型

（1）按收获方式分 可分为分段式辣椒收获机、联合式辣椒收获机等（图9-32）。其中，联合式辣椒收获机应用较广。

（2）按采集和分离机构分 可分为螺旋杆式辣椒收获机、梳齿式辣椒收获机、滚筒式辣椒收获机等。

螺旋杆式通过使辣椒茎秆进入采摘装置，转动的螺旋杆对辣椒秧茎进行持续敲打，将果实从茎秆上打落，实现果实与茎秆的分离；梳齿式是使梳齿插入辣椒秧茎，强制把果实从果柄上捋下，实现果实与茎秆的分离，根茎仍生长在地里；滚筒式是将整株切割后带果实的茎秆送至倾斜滚筒式分离装置，滚筒回转对辣椒秧茎进行反复打击，使果实脱落。

分段式（割晒机）　　　　　　　　　　联合式

图9-32　辣椒收获机的类型

3. 辣椒收获机的结构

以联合式辣椒收获机为例，介绍其结构原理。

联合式辣椒收获机为自走式，主要由采摘机构、清选机构、输送装置、货箱、动力装置、行走装置、控制部件等组成，如图9-33所示。

发动机启动，动力通过传动系统分别传递给采摘装置、清选分离装置、输送系统、行走系统和控制系统等。

辣椒收获机进行收获作业时，收获机顺着辣椒行前行，扶禾滚筒扶起倒伏的辣椒作物，使其向前成一定角度倾斜，便于喂入采摘

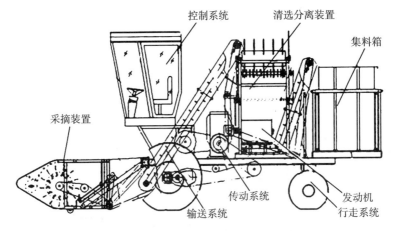

图 9 - 33　联合式辣椒收获机的结构

装置；滚筒弹指顺向高速旋转，自下而上将辣椒从植株上捋下来；被采摘的辣椒混合物在弹指作用下做加速圆周运动，到达弹指滚筒后侧后被抛送到横向输送装置上，并被横向输送装置和前输送装置接力输送到清选分离装置；清选分离装置中的辣椒混合物随星形轮转动，较大的椒秆被星形盘抛送到机身外，辣椒及椒叶等较小杂质则通过星形轮间隙掉落到风选室；风机工作，借助清选气流将椒叶清选出去，剩下含杂率较低的辣椒通过后输送装置输送到集料箱；当集料箱满载后，在液压系统的作用下，集料箱向一侧倾斜，把辣椒倾卸到指定位置。

三、黄瓜收获机

1. 黄瓜收获作业流程

黄瓜收获机根据所完成的收获工艺可以分为选择性收获机和一次性收获机两种类型。目前多采用一次性收获机进行作业。

黄瓜一次性收获主要作业流程如下：

2. 黄瓜收获机的类型

黄瓜收获机主要用于露地黄瓜一次性收获作业，通常采用联合收获作业（图 9 - 34）。

设施棚室的黄瓜，一般采用黄瓜机器人采摘（图 9 - 35），但还未大面积推广应用。

图 9 - 34 黄瓜收获机

图 9 - 35 黄瓜采摘机器人

3. 黄瓜收获机的结构

以黄瓜采摘机器人为例，介绍其结构原理。

黄瓜采摘机器人主要由行走车、机械手、视觉系统、末梢执行器等组成，如图 9 - 36 所示。

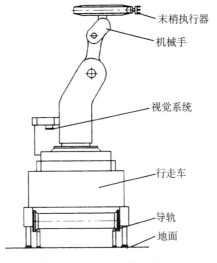

末梢执行器

机械手

视觉系统

行走车

导轨

地面

图 9-36 黄瓜采摘机器人

行走车是一个由电动机或汽油机驱动的移动平台，在温室轨道上行驶、定位。

机械手是一种能模仿人手、臂的动作，用以抓取黄瓜的自动操作装置，通过编程来完成各种预期黄瓜采摘的作业。

视觉系统是一种模仿人的眼睛，识别已成熟的黄瓜，通常采用双目立体视觉、近红外图像等技术。

末梢执行器由抓持器、切割器等组成。抓持器用于抓持黄瓜，且不损伤黄瓜表皮；切割器用以切断黄瓜果茎。

主要参考文献

陈凯，张端喜，徐华晨，2018. 蔬菜种子丸粒化包衣技术规程 [J]. 江西农业学报，30（12）：51-55.

陈永生，李莉，2017. 蔬菜生产机械化范例和机具选型 [M]. 北京：中国农业出版社.

陈永生，2017. 蔬菜生产机械化技术与模式 [M]. 镇江：江苏大学出版社.

崔志超，管春松，杨雅婷，等，2020. 蔬菜机械化移栽技术与装备研究现状 [J]. 现代农业装备，41（3）：87-92.

李建军，史春梅，孟庆祥，等，2019.5BY 型种子包衣机最佳工艺参数研究 [J]. 种子，38（6）：13-18.

廖禹，占建仁，贺捷，等，2020. 蔬菜育苗移栽机械的研究与发展 [J]. 农机化研究（8）：30-31.

刘凯，辜松，张维，等，2020. 基于"流水线"的茄果类种苗半自动嫁接机研究 [J]. 现代农业装备，41（1）：27-32.

刘凯，2011. 茄科蔬菜自动嫁接机的研究现状 [J]. 农机化研究（2）：230-233.

刘艳，李良波，彭卓敏，2011. 植保机械巧用速修一点通 [M]. 北京：中国农业出版社.

祁亚卓，相姝楠，2018. 国内外蔬菜播种机的研究现状与发展趋势 [J]. 江西农业学报，30（2）：87-92.

任士虎，房欣，隋新，等，2019. 全自动移栽机的使用调整及常见故障排除 [J]. 现代化农业（1）：71-72.

王维成，王荣华，高有军，2016. 甜菜种子丸粒化加工技术初探 [J]. 中国糖料，38（5）：46-48.

辛福志，任士虎，安莹，等，2019. 全自动移栽机的使用技术要求 [J]. 现代化农业（9）：70-72.

严建民，陈永生，罗克勇，2013. 设施蔬菜生产设备 [M]. 北京：中国农业出版社.

杨立国，赵景文，2020. 蔬菜产业机械化技术及装备 [M]. 北京：中国农业科学技术出版社.

袁文胜，2016. 链夹式移栽机结构原理及使用方法 [J]. 农业机械（10）：119 - 121.

朱继平，丁艳，彭卓敏，2010. 耕整地机械巧用速修一点通 [M]. 北京：中国农业出版社.

图书在版编目（CIP）数据

设施蔬菜机械化生产技术手册／钱生越，鲁植雄主编．—北京：中国农业出版社，2022.6（2023.3 重印）
（高素质农民培育系列读物）
ISBN 978-7-109-29544-5

Ⅰ.①设… Ⅱ.①钱… ②鲁… Ⅲ.①蔬菜园艺-设施农业-机械化栽培-技术手册 Ⅳ.①S626-62

中国版本图书馆 CIP 数据核字（2022）第 096621 号

中国农业出版社出版
地址：北京市朝阳区麦子店街 18 号楼
邮编：100125
责任编辑：孟令洋　郭晨茜
版式设计：王　晨　责任校对：吴丽婷
印刷：中农印务有限公司
版次：2022 年 6 月第 1 版
印次：2023 年 3 月北京第 3 次印刷
发行：新华书店北京发行所
开本：880mm×1230mm　1/32
印张：8.25
字数：280 千字
定价：40.00 元
